# 供电企业
# 应急管理基础

国网甘肃省电力公司　组编

聂江龙　马之力　主编

U0157905

電子工業出版社·

**Publishing House of Electronics Industry**

北京·BEIJING

## 内 容 简 介

本书是一本基于供电企业应急能力建设要求，满足供电企业对电力应急管理人员综合素质培训需求的高质量教材。全书共 10 章，以实际操作技能为主线，内容涵盖应急规划、应急组织体系、应急预案、应急培训、应急演练、应急保障、监测预警与应急响应、舆情管理、应急能力建设评估等。

本书内容丰富，讲解细致，具有较强的实用性、系统性和可操作性，可作为供电企业应急管理人员的培训教材。

**图书在版编目（CIP）数据**

供电企业应急管理基础 / 聂江龙，马之力主编 . —北京：电子工业出版社，2024.3
（电力行业应急系列丛书）
ISBN 978-7-121-47479-8

Ⅰ . ①供… Ⅱ . ①聂… ②马… Ⅲ . ①供电－电力工业－突发事件－安全管理－职业培训－教材
Ⅳ . ① TM08

中国国家版本馆 CIP 数据核字（2024）第 053322 号

责任编辑：夏平飞
印　　刷：河北迅捷佳彩印刷有限公司
装　　订：河北迅捷佳彩印刷有限公司
出版发行：电子工业出版社
　　　　　北京市海淀区万寿路 173 信箱　邮编　100036
开　　本：787×1 092　1/16　印张：13　字数：333 千字
版　　次：2024 年 3 月第 1 版
印　　次：2024 年 3 月第 1 次印刷
定　　价：99.00 元

# 丛书编委会

主　　任：张祥全　王赟中

副主任：王利平　李　杰　聂江龙　温定筠

委　员：贺洲强　武　平　夏　天　杨国练　赵连斌　王晓冬

　　　　王　跃　高　婧　高　翔　路涛涛　朱海涛　陈亚琼

　　　　郭文科　赵永玮　冉利利　穆恒玲　任毅华　胡强棚

　　　　刘　春　令　宁

# 本书编写人员

主　　编：聂江龙　马之力

副主编：余尔汶　程　健　常俊婷　谭　亮

编写人员：陈　功　常　玮　高　婧　路涛涛　陈亚琼　朱杰元

　　　　王艳秋　刘欣宇　罗　刚　李永玲　李素环　郑松源

　　　　陈子弘　李永昆　罗伟原　蔡陆洋　侯　飞　吴　昊

　　　　张　进　刘平坚　王相南　邓　创　周金环　赵丽君

　　　　赵永玮　穆恒玲　武海桐　付　娟　弥海峰　李义河

　　　　牛晓丽　刘　斌　马　娜　王润红　王　惠

定稿人：谢　欢　李海平

# 序

近年来，自然灾害频发，雪灾、火灾、泥石流、台风等突发性灾难事件引发的大面积、长时间停电，严重威胁着人们正常的生产生活，而电力企业作为一类对社会有着重要影响的行业，其安全生产运行关系到社会的正常用电，并且未来发展趋势也会对整个社会产生重要影响。因此，电力企业应进一步加强突发事件的应急管理工作，建立健全应急管理体系，及时有效应对突发事件，降低自然灾害带来的损失和影响。为解决上述问题，出版内容专业、规范的系列图书，为电力应急岗位人员提供理论与实操方面的知识是应对当前形势的途径之一。为此，电力应急领域相关的专家们成立了编委会，组织编写并出版"电力行业应急系列丛书"（以下简称"丛书"），以满足电力行业应急体系建设的实际需求。

"丛书"从电力企业应急自救急救、电力企业应急后勤保障、应急供电、电力企业应急信息通信、电力企业应急装备等多方面专业技术角度，以实际操作技能为主线，按照相关岗位能力需求，构建与阐述电力行业应急专项能力知识点，力求在深度、广度上涵盖电力应急技能相关培训与应用所要求的内容。

"丛书"的出版是规范与提高电力行业应急技能的探索和尝试，凝聚了全行业专家的经验和智慧，具有实用性、针对性、可操作性等特点，旨在开启建立健全应急管理体系的新篇章，实现全行业教育培训资源的共建共享。

当前社会，科学技术飞速发展，"丛书"虽然经过认真编写、校订和审核，仍然难免有疏漏和不足之处，需要不断地补充、修订和完善。欢迎使用"丛书"的读者提出宝贵意见和建议。

清华大学　范维澄院士
2022 年 11 月

# 前言

随着电网建设规模的不断扩大，社会对电力系统突发事件的预警和处置要求越来越高。为了积极响应国家强化供电企业应急能力建设要求，各级供电企业必须建立系统化的应急管理人才培养机制，开发和完善电力应急管理能力配套培训资源体系，指导和强化电力应急管理人员素质提升，建立健全应急管理体系，保障电力应急工作规范化开展。

在此背景下，国网甘肃省电力公司组织电力应急领域的专家，依托供电企业应急能力建设要求，编写了《供电企业应急管理基础》一书，以满足供电企业应急体系建设的实际需求，进一步建立健全应急管理体系，全面提高应急管理培训工作的有效性。

本书共 10 章：第 1 章阐述了突发事件与应急管理的概念，介绍供电企业应急管理体系；第 2 章阐述了供电企业应急管理发展规划和应急演练与技术创新发展规划；第 3 章介绍了各级应急组织体系；第 4 章从实际工作出发，详细阐述了应急预案体系和应急预案编制程序；第 5 章阐述了应急培训的目标、对象、方法、内容、科目设置、基地的建设、效果评价等；第 6 章梳理了应急演练的相关知识；第 7 章从应急物资与装备保障、应急队伍保障、应急后勤保障、应急通信保障、其他保障等五个方面系统讲解了应急保障的内容；第 8 章对监测预警与应急响应的流程和关键技能进行了详细的阐述；第 9 章理论联系实际，介绍了舆情管理；第 10 章介绍了应急能力建设评估内容、评估程序、评估标准。全书内容丰富、讲解细致，具有较强的实用性、系统性和可操作性。

编写工作启动以后，编写组严谨工作，进行了多方调研和多次探讨，本书凝结了编写组专家和广大电力工作者的智慧，以期能够准确表达管理规范和标准要求，为供电企业应急管理人员的工作提供科学有效的参考。但电力行业不断发展，应急管理内容繁杂，书中所写内容与实际情况可能会有偏差，恳请读者理解，并衷心希望读者能够提出宝贵的意见和建议。

编　者
2024 年 1 月

# 目录

# 第1章　概　　述

应急管理是专门研究突发事件现象及其发展规律的学科，是关于突发事件应急管理优化的科学。我国突发事件应急管理体系的核心是"一案三制"。"一案三制"是指应急预案、应急管理体制、应急管理机制和应急管理法制，它们共同构成了应急管理体系不可分割的核心要素。供电企业应急管理是国家应急管理体系的重要组成部分，通过建立"统一指挥、结构合理、功能实用、运转高效、反应灵敏、资源共享、保障有力"的应急体系，持续提升应对突发事件的能力，最大限度地降低电网大面积停电事件的损失，快速高效恢复电力供应和电网正常运行。

## 1.1　突发事件与应急管理

### 1.1.1　突发事件

**1. 突发事件的定义**

《中华人民共和国突发事件应对法》中规定，突发事件是指突然发生，造成或者可能造成严重社会危害，需要采取应急措施予以应对的自然灾害、事故灾难、公共卫生事件和社会安全事件。

上述对突发事件的定义包括两个方面的意思：一是法律意义上的突发事件，是指该事故（事件）对社会造成或者可能造成危害，否则就不是突发事件，比如某变电站内一设备发生故障，因电网按 $N$-1 方式运行，所以该设备故障没有造成损失负荷也不影响对用户供电，也许该故障造成的经济损失达到了事故级别，可能是安全事件，但仍算不上法律意义上的突发事件;二是将突发事件分成四大类,即自然灾害、事故灾难、公共卫生事件和社会安全事件。

### 2. 突发事件的分类

根据《中华人民共和国突发事件应对法》中的规定,突发事件可分为自然灾害、事故灾难、公共卫生事件和社会安全事件。

突发事件的分类只是相对的。各类突发事件往往是相互交叉和关联的。某类突发事件可能和其他类的突发事件同时发生,或引发次生、衍生事件,如洪涝灾害可能衍生传染病疫情问题,处置时应当具体分析,统筹应对。

### 3. 突发事件的分级

对于突发事件的分级,《中华人民共和国突发事件应对法》规定,按照社会危害程度、影响范围等因素,自然灾害、事故灾难、公共卫生事件分为特别重大、重大、较大和一般等四级。法律、行政法规或者国务院另有规定的,从其规定。

《中华人民共和国突发事件应对法》规定,突发事件的分级标准由国务院或者国务院确定的部门制定。突发事件等级划分的方式主要有四种:一是在国务院颁布的条例中规定,如生产安全中人身伤亡事故等级划分标准的依据是《生产安全事故报告和调查处理条例》、大面积停电事件等级划分标准的依据是《电力安全事故应急处置和调查处理条例》、电梯等特种设备事故等级划分标准的依据是《特种设备安全监察条例》、森林火灾等级划分标准的依据是《森林防火实施条例》;二是在国家专项应急预案中进行规定,如地震灾害等级划分在《国家地震应急预案》中规定、地质灾害等级划分在《国家突发地质灾害应急预案》中规定;三是在国家部委规章制度中的规定,如火灾事故等级划分标准在《公安部办公厅关于调整火灾等级标准的通知》中规定、海上交通事故直接经济损失分级标准在《交通运输部关于海上交通事故等级划分的直接经济损失标准的公告》中规定;四是参照国家技术标准,如洪水灾害等级划分参照《水文情报预报规范》(GB/T 22482—2008)、热带气旋灾害等级划分参照《热带气旋等级》(GB/T 19201—2006)、堰塞湖风险等级划分参照《堰塞湖风险等级划分与应急处置技术规范》(SL/T 450—2021)、干旱灾害等级划分参照《区域旱情等级》(GB/T 32135—2015)。

### 4. 突发事件预警的分级

《中华人民共和国突发事件应对法》规定,国家建立健全突发事件预警制度。可以预警的自然灾害、事故灾难和公共卫生事件的预警级别,按照突发事件发生的紧急程度、发展势态和可能造成的危害程度分为一级、二级、三级和四级,分别用红色、橙色、黄色和蓝色标识,一级为最高级别。预警级别的划分标准由国务院或者国务院确定的部门制定。

**5. 突发事件应急响应分级**

在长期的应急处突实践中，许多地方逐渐认识到将应急响应等级与事件等级机械对应的弊端，需要将响应分级与突发事件分级区别对待，需要厘清应急响应分级原则和应急响应如何分级问题。在国家层面上，最早提出应急响应分级概念的是于2013年发布的《国务院办公厅关于印发突发事件应急预案管理办法的通知》中。该办法笼统阐述了应急响应分级的原则，明确了应急响应是否分级、如何分级由预案编制单位自行决定。随后在国家技术标准中提出了应急响应如何分级，《生产经营单位生产安全事故应急预案编制导则》（GB/T 29639—2020）6.1.2节规定，依据事故危害程度、影响范围和生产经营单位控制事态的能力，对事故应急响应进行分级，明确分级响应的基本原则。响应分级不可照搬事故分级。

**6. 突发事件分级与应急响应分级的关系**

突发事件分级和应急响应分级是两个完全不同的概念。突发事件分级与应急响应分级的关系如图1-1所示。按《中华人民共和国突发事件应对法》中的规定，突发事件分为四级，级别由国务院或国务院指定的部门划分，有的突发事件发生后可以立即分级，有的突发事件需要经过一定的时间评估后才能分级，发生突发事件就需要特定的单位依据相关应急预案启动应急响应。按照《国务院办公厅关于印发突发事件应急预案管理办法的通知》对应急响应的分级原则，应急响应可以分级也可以不分级应急响应分级可以参考突发事件分级也可以不参考。应急响应分级由预案编制单位自行决定。参照《生产经营单位生产安全事故应急预案编制导则》中的应急响应分级方法，应急预案编制单位可以依据事故危害程度、影响范围和生产经营单位控制事态的能力，并对事故应急响应进行分级。

003

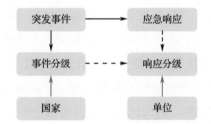

图1-1 突发事件分级与应急响应分级的关系

## 1.1.2 应急管理

**1. 应急管理的含义**

应急管理就是对"应急"活动的管理，即对突发事件应对活动的管理，是突发事件应对活动的内在组成部分。传统的应急管理主要针对突发事件发生之后，如何采取合理的应对措施减少事件后果的严重程度和降低事故再次发生的可能性。20 世纪 70 年代，许多西方国家通过应急管理的实践逐渐形成了现代应急管理的理论，现代应急管理理论是针对突发事件的全过程，使用科学合理的技术措施等控制事态发展程度，保障人员、财产、设备、环境等的安全。

根据上述分析，依据《中华人民共和国突发事件应对法》《生产安全事故应急条例》的表述，总结应急管理的含义：应急管理是指政府、企业以及其他公共组织，为了保护公众生命财产安全，维护公共安全、环境安全和社会秩序，在突发事件的事前、事发、事中、事后所进行的应急准备、应急救援等活动的总称。

应急管理的内涵和外延主要包括以下几点：

（1）应急管理的主体（执行者）：各级人民政府、企业以及其他公共组织。

（2）应急管理的客体（对象）：突发事件。

（3）应急管理的目标：降低或减少突发事件带来的影响和损失。

（4）应急管理的过程：应急准备、应急救援。

### 2. 应急管理原则

《中华人民共和国突发事件应对法》规定，突发事件应对工作实行预防为主、预防与应急相结合的原则。《国家突发公共事件总体应急预案》规定，突发事件应对的工作原则：以人为本，减少伤害；居安思危，预防为主；统一领导，分级负责；依法规范，加强管理；快速反应，协同应对；依靠科技，提高素质。

### 3. 应急管理的两个核心阶段

党中央和国务院高度重视生产安全事故应急工作。为了解决生产安全事故应急管理工作中存在的突出问题，提高生产安全事故应急工作的科学化、规范化和法治化水平，国务院于 2019 年颁布了《生产安全事故应急条例》。《生产安全事故应急条例》以《中华人民共和国安全生产法》和《中华人民共和国突发事件应对法》为依据，对生产安全事故应急准备、应急救援等做了规定，强调了应急管理过程中的两个核心阶段。

（1）应急准备。《生产安全事故应急条例》规定，县级以上人民政府及其负有安全生产监督管理职责的部门和乡、镇人民政府以及街道办事处等地方人民政府派出机关应当制定相应的生产安全事故应急救援预案，并依法向社会公布。生产经营单位应当制定相应的生产安全事故应急救援预案，并向本单位从业人员公布。

（2）应急救援。《生产安全事故应急条例》规定，发生生产安全事故后，生产经营单位应当立即启用生产安全事故应急救援预案，采取相应的应急救援措施，并按照规定报告事故情况。有关地方人民政府及其部门接到生产安全事故报告后，按照预案的规定采取抢救遇险人员，救治受伤人员，研判事故发展趋势，防止事故危害扩大和次生、衍生灾害发生等应急救援措施，按照国家有关规定上报事故情况。有关人民政府认为

供电企业应急管理基础

有必要的，可以设立应急救援现场指挥部，指定现场指挥部总指挥，参加应急救援的单位和个人应当服从现场指挥部的统一指挥。

### 4. 应急管理的特点

应急管理既具有一般管理的属性，又具有特殊性。

（1）应急处置的时效性。应急处置的时效性就是要求应急处置要"急""快""迅速反应"，这是应急管理的首要特征。

（2）应急救援的人本性。应急救援的人本性就是应急救援要"以人为本"，把保障公众生命安全和健康作为首要任务。

（3）应急主体的政府主导性。在《中华人民共和国突发事件应对法》中规定，县级人民政府对本行政区域内突发事件的应对工作负责。应急管理工作是各级地方人民政府的职责。实践证明，只有依靠政府的公权力才能使应急管理有力、有序、高效进行，才能真正实现"统一领导、分工协作"的应急管理机制。

（4）应急技术的专业性。面对错综复杂的突发事件，应急处置时必须强调运用专家的力量，以科学的知识和专门技术为武器，讲求应急技术的专业性和科学性，在最短的时间内将突发事件的危害程度降到最低。

（5）应急力量的社会参与性。面对重大的自然和社会危机，没有全社会的积极参与和大力支持，仅仅依靠政府的力量，想圆满地解决危机是不可能的。因此，能否充分调动全社会的力量、齐心协力地参与是决定应急管理成败的一个重要因素。

## 1.2　供电企业应急管理体系

应急管理体系是有关突发事件应急管理工作的组织指挥体系与职责，突发事件的预防与预警机制、处置程序、应急保障措施、事后恢复与重建措施，以及应对突发事件的有关法律、制度的总称。

我国突发事件应急管理体系的核心是"一案三制"。"一案三制"是指应急预案、应急管理体制、应急管理机制和应急管理法制。其中，体制是基础，机制是关键，法制是保障，预案是前提，共同构成了应急管理体系不可分割的核心要素。

作为国家应急管理体系的重要组成部分，电网应急管理旨在提升电网应对突发事件的能力，降低大规模停电事故的风险和损失，最大限度地保障电网的可靠供电，目标是建立"统一指挥、结构合理、功能实用、运转高效、反应灵敏、资源共享、保障有力"的应急体系。这里主要介绍国家电网有限公司和中国南方电网有限责任公司应急管理体系建设情况。

国家电网有限公司应急管理体系建设内容包括持续完善应急组织体系、应急制度体系、应急预案体系、应急培训演练体系、应急科技支撑体系，不断提高公司应急队伍处置救援能力、综合保障能力、舆情应对能力、恢复重建能力，建设预防预测和监控预警系统、应急信息与指挥系统。国家电网有限公司各单位在公司党委的统一领导下，不断提高突发事件预防、预测和综合应急处置能力，积极应对各类突发事件。国家电网有限公司建立了包括应急预案体系、应急管理体制、应急管理机制、应急管理法制在内的突发事件应急管理体系，如图1-2所示。

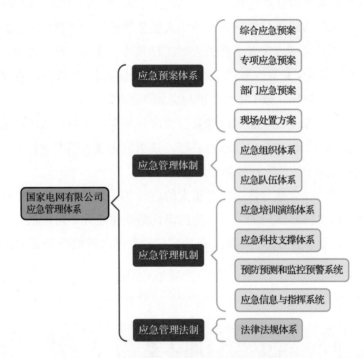

图1-2　国家电网有限公司应急管理体系建设框架

中国南方电网有限责任公司建立了包括应急组织体系管理、应急预案体系管理、应急保障体系管理、应急运转机制管理、应急信息管理在内的应急管理体系，如图1-3所示。

### 1.2.1　应急预案体系

国家电网有限公司应急预案体系由综合应急预案、专项应急预案、部门应急预案、现场处置方案构成，应满足"横向到边、纵向到底、上下对应、内外衔接"的要求。所谓"纵"，就是按垂直管理的要求，从总部到省、市、县都要制定应急预案，不可断层。所谓"横"，就是所有种类的突发事件都要有部门管，应有相应的专项应急预案和部门应急预案、现场处置方案，不可或缺。应急预案内容应以本单位风险评估的结论为依据，明确相应的应急措施，避免简单复制上级单位的预案。

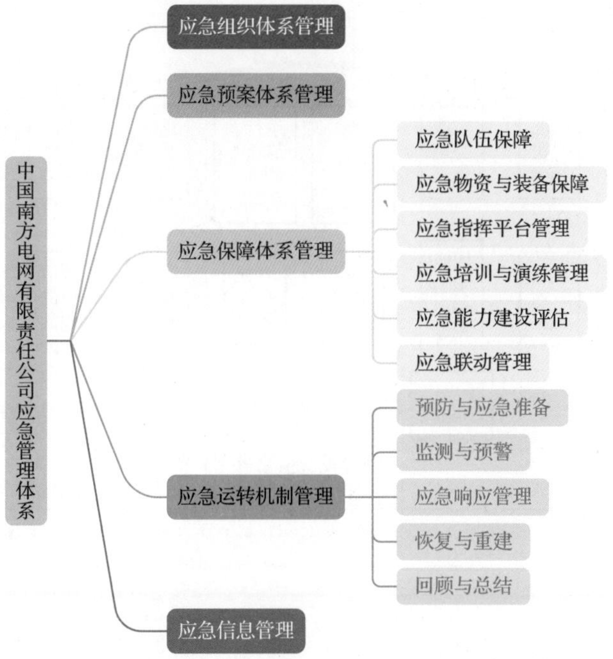

图1-3 中国南方电网有限责任公司应急管理体系建设框架

综合应急预案明确了国家电网有限公司组织管理、指挥协调突发事件处置工作的指导原则和程序规范，是应急预案体系的总纲，是组织应对各类突发事件的总体制度安排。专项应急预案是针对具体的突发事件、危险源和应急保障制定的计划或方案。部门应急预案是有关部门根据综合应急预案、专项应急预案和部门职责，为应对本部门突发事件，或者针对重要目标物保护、重大活动保障、应急资源保障等涉及部门工作而预先制定的工作方案。现场处置方案是针对特定的场所、设备设施、岗位，在详细分析现场风险和危险源的基础上，针对典型的突发事件，制定的处置措施和主要流程。

（1）国家电网有限公司应急预案体系如图1-4所示。总（分）部、各单位根据风险评估的结论，设置综合应急预案、专项应急预案，根据需要设置部门应急预案和现场处置方案，明确本部门或关键岗位应对特定突发事件的处置工作。市级供电公司、县级供电企业根据风险评估的结论，设置综合应急预案、专项应急预案，根据需要设置部门应急预案和现场处置方案。公司其他单位根据风险评估的结论，设置相应应急预案。公司各级职能部门、生产车间，根据工作实际情况设置现场处置方案。建立应急救援协调联动机制的单位，应联合编制应对区域性或重要输变电设施突发事件的应急预案。

（2）中国南方电网有限责任公司根据风险评估的结论，建立覆盖自然灾害、事故灾难、公共卫生事件和社会安全事件等四类突发事件的应急预案体系，由一个综合应急预案、多个专项应急预案和现场处置方案组成。针对工作场所、岗位的特点，编制简明、实用、有效的应急处置卡，以及图文并茂的应急工作手册，作为应急预案的补充。

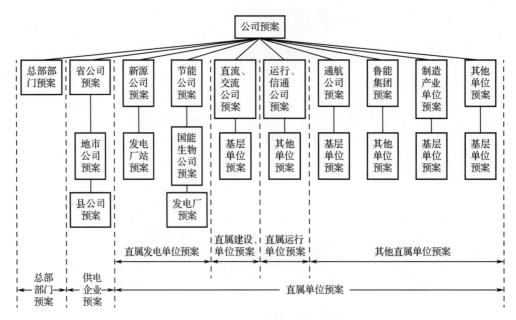

图 1-4　国家电网有限公司应急预案体系

### 1.2.2　应急管理体制

应急管理体制作为"一案三制"的前提要素,是为有效预防和应对突发事件,避免、减少和减缓突发事件造成的危害,消除对企业生产带来的负面影响,而建立起来的应急管理组织体系及其运行规范。《中华人民共和国突发事件应对法》第四条中对我国应急管理体制做了明确规定,即"统一领导、综合协调、分类管理、分级负责、属地管理为主"的基本原则。

#### 1.国家电网有限公司应急管理体制

国家电网有限公司应急管理体制包括应急组织体系和应急队伍体系,其中,应急组织体系由各级应急领导小组及其办事机构组成自上而下的应急领导体系;由安全监察部门归口管理、各职能部门分工负责的应急管理体系;根据突发事件类别,成立的大面积停电、地震、设备设施损坏、雨雪冰冻、台风、防汛、网络安全等专项事件应急处置领导机构,形成领导小组统一领导、专项事件应急处置领导小组分工负责、办事机构牵头组织、有关部门分工落实、党政工团协助配合、企业上下全员参与的应急组织体系,实现应急管理工作的常态化。

国家电网有限公司突发事件应急处置组织结构图如图 1-5 所示。

应急队伍建设由应急救援基干分队、应急抢修队伍和应急专家队伍组成。应急救援基干分队负责快速响应实施突发事件应急救援;应急抢修队伍承担公司电网设施大范围损毁修复等任务;应急专家队伍为公司应急管理和突发事件处置提供技术支持和决策咨询;加强与社会应急救援力量合作,形成有能力、有组织、易动员的电力应急抢险救援后备力量。各单位应及时将应急队伍建立情况按照国家有关规定报送县级以上人民政府负有安全生产监督管理职责的部门，并依法向社会公布。

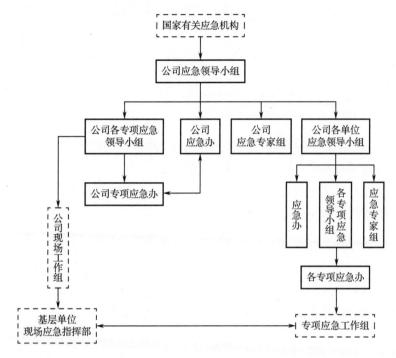

图1-5 国家电网有限公司突发事件应急处置组织结构图

### 2. 中国南方电网有限责任公司应急组织体系

中国南方电网有限责任公司应急组织体系管理规定，各级单位应当建立健全应急工作责任制，成立应急指挥中心。作为本单位应急管理最高领导机构，应急指挥中心下设应急办公室（简称应急办）作为办事机构。应急指挥中心下设若干专项应急指挥部，负责各专业应急处置工作。在应急状态下，各级应急指挥中心依据工作实际和事态的发展，可以在突发事件现场成立现场指挥部，指挥应急处置工作，或设置工作组协调现场应急处置工作。同时公司总部及各分、子公司设置专职总值班室，作为本单位日常应急值班机构，其他各级单位根据实际条件设置具备24小时值班功能的总值班室，或指定专人担任24小时应急值班联络人。突发事件应急预警及响应状态下，由各级单位应急办根据情况制定应急值班计划并组织实施。

应急队伍由专业化应急特勤队伍和应急抢修队伍组成。应急特勤队伍承担先期处置、技术支撑、后勤保障及人身救援任务，一般由本单位相关专业技术人员组成。应急抢修队伍承担生产设备、通信、网络安全等各专业的应急抢修任务，主要由各省公司下属输变电工程公司及合格的外部承包商组成。

### 1.2.3 应急管理机制

我国的应急管理机制是指突发事件预防与应急准备、监测与预警、应急处置与救援及恢复与重建等全过程中各种制度化、程序化、规范化和理论化的应急管理方法与措施，主要包括预防准备、监测预警、信息报告、决策指挥、公众沟通、社会动员、恢复重建、调查评估、应急保障等内容。

应急管理机制建设的要求：统一指挥，协同应对，反应快速，运转高效。

**1. 国家电网有限公司应急管理机制**

国家电网有限公司应急管理机制主要包括应急培训演练体系、应急科技支撑体系、预防预测和监控预警系统、应急信息与指挥系统。

应急培训演练体系包括专业应急培训演练基地及设施、应急培训师资队伍、应急培训大纲及教材、应急演练方式方法，以及应急培训演练机制。

应急科技支撑体系包括为公司应急管理、突发事件处置提供技术支持和决策咨询，并承担公司应急理论、应急技术与装备研发任务的公司内外应急专家及科研院所应急技术力量，以及相关应急技术支撑和科技开发机制。

预防预测和监控预警系统是指通过整合公司内部风险分析、隐患排查等管理手段，各种在线与离线电网、设备监测监控、带电检测等技术手段，以及与政府相关专业部门建立信息沟通机制获得的自然灾害等突发事件预测预警信息，依托智能电网建设和信息技术发展成果，形成覆盖公司各专业的监测预警技术系统。

应急信息和指挥系统是指在较为完善的信息网络基础上，构建的先进实用的应急管理信息平台，实现应急工作管理，应急预警、值班，信息报送、统计，辅助应急指挥等功能，满足公司各级应急指挥中心互联互通，以及与政府相关应急指挥中心联通要求，完成指挥员与现场的高效沟通及信息快速传递，为应急管理和指挥决策提供丰富的信息支撑和有效的辅助手段。同时，各单位还应配合政府相关部门建立生产安全事故应急救援信息系统，并通过系统进行应急预案备案和相关信息报送。

**2. 中国南方电网有限责任公司应急管理机制**

中国南方电网有限责任公司应急管理机制主要包括应急联动机制，突发事件风险评估、预防机制，监测与预警机制，应急响应管理机制，恢复与重建机制，评估自评机制，应急信息管理机制，应急物资与装备保障机制，应急指挥平台管理机制，应急培训与演练管理机制，应急能力建设评估机制。

应急联动机制：各级单位应当与当地政府建立电网安全和电力供应政企联动机制，与发电企业建立应急状态下的网厂协调机制；与主要的施工企业和设备制造企业建立应急状态下队伍和物资紧急支援的合作机制；与各重要用户建立应急状态下的支援机制。

突发事件风险评估、预防机制：对本区域易引发突发事件的危险源、危险区域和危险因素进行监控和定期检查，并及时采取防范措施。根据风险分析和监测预警信息，及时调整系统运行方式和工作组织方式，提前做好应急队伍、物资、装备以及相关外部资源的部署。

监测与预警机制：各级单位应当根据应急预案中各类突发事件预警发布和解除条件，及时发布应急预警，提示可能发生的突发事件风险，提出需要落实的风险预控和应急准备要求。

应急响应管理机制：突发事件发生后，事发现场应当立即根据应急预案开展先期处置工作，控制事态发展，降低事件影响。事发单位应当按照相关应急预案及时启动相应级别的应急响应开展应急处置。

恢复与重建机制：突发事件响应结束后，要采取或继续实施必要措施，防止发生自然灾害、事故灾难、公共卫生事件的次生、衍生事件或引发社会安全事件。事发单位应在上级单位和当地政府的指挥支持下，组织开展电力供应恢复和设备设施重建等工作，尽快恢复生产秩序。突发事件的威胁和危害得到控制后，应当继续对受影响区域的电力设备设施进行全面检查，对突发事件的各种诱发因素进行监控，及时发现和处理安全隐患。

评估自评机制：事发单位应急办原则上应当在突发事件应急响应结束后 20 个工作日内完成应急处置后评估自评工作，总结经验和不足，制订落实整改提升计划，并将自评报告逐级报送至公司应急办。公司负责对特别重大、重大突发事件开展复评，各分、子公司负责对较大、一般突发事件开展复评。

应急信息管理机制：突发事件发生后，事发单位应当按照"快报事实"的原则，将突发事件信息第一时间报上级应急办和相关专业部门，对社会造成影响的突发事件，要同时向所在地人民政府报告，要建立和规范本单位新闻发言人和信息公开机制，第一时间向社会公众及媒体发布有关应急信息并及时更新，开展抢修复电宣传工作，消除或最大限度地降低不实舆论影响。

应急物资与装备保障机制：应急物资和装备实行分级、分专业管理。其中应急物资由专业管理部门负责管理，应急装备由安全监管部门归口管理。

应急指挥平台管理机制：各级单位应当根据公司技术规范建设本单位应急指挥平台基础环境系统部分（应急指挥中心场所），加强应急工作数字化建设，实现网、省、地、县（区）指挥平台的互联互通和与突发事件现场的音视频实时通信。

应急培训与演练管理机制：各级单位应当依托应急基地开展全员应急培训，对新员工和转岗员工开展应急工作培训，同时有计划地开展应急演练，并做好演练的事后评估。

应急能力建设评估机制：各级单位应当按照国家有关规定滚动开展应急能力建设评估工作，原则上评估周期不超过 5 年。评估工作结束后，应当及时编制评估报告，评估结果为合格的，应按时报送国家能源局派出机构和地方电力管理部门及上级单位。

## 1.2.4 应急管理法制

### 1. 法律法规体系

应急管理法制是指应对突发事件的法律、法规、规章等。新中国成立迄今，特别是 2003 年全国大范围发生非典疫情之后，我国已经在应急管理领域制定了大量法律法规，在一般性突发事件领域已经建立了以《中华人民共和国突发事件应对法》为应对基本法、大量应对特定种类突发事件的分散单行立法并存的应急管理法律体系，较好地实现了应急管理法治统一与具体领域特别应对相结合，应急管理工作逐渐进入了制度化、规范化、法制化的轨道。

2007 年 8 月 30 日颁布的《中华人民共和国突发事件应对法》，结束了我国突发事件预防与应对无基本法的历史，是我国应急法律建设的重要标志。作为规范突发事件应对工作的国家层面法律，《中华人民共和国突发事件应对法》加强了突发事件应对工作的统一性和规范性，首次系统、全面地规范了突发事件应对工作的各个领域和各个环节，确立了应对工作应当遵循的基本原则，构建了一系列基本制度，为突发事件应对工作的全面法治化和制度化提供了最基本的法律依据。

除《中华人民共和国突发事件应对法》之外，我国还存在大量单行立法。这些立法中少数是关于突发事件应对的专门单行立法，如《突发公共卫生事件应急条例》（中华人民共和国国务院令第 376 号）、《生产安全事故应急条例》（中华人民共和国国务院令第 708 号）、《生产安全事故报告和调查处理条例》（中华人民共和国国务院令第 493 号）、《电力安全事故应急处置和调查处理条例》（中华人民共和国国务院令第 599 号）等；多数则是相关管理部门出台的行政立法中部分条款涉及突发事件的应对工作。单行立法的优点是针对性强，或者结合某类突发事件的特点，或者结合某个阶段应对工作的特点，规定更具针对性的应对措施。

（1）国家层面法律法规及规范性文件

《中华人民共和国突发事件应对法》（中华人民共和国主席令〔2007〕第 69 号）

《中华人民共和国安全生产法》（中华人民共和国主席令〔2021〕第 88 号）

《生产安全事故应急条例》（中华人民共和国国务院令第 708 号）

《生产安全事故报告和调查处理条例》（中华人民共和国国务院令第 493 号）

《电力安全事故应急处置和调查处理条例》（中华人民共和国国务院令第 599 号）

《国务院办公厅关于印发突发事件应急预案管理办法的通知》（国办发〔2013〕101 号）

《国务院办公厅关于印发国家大面积停电事件应急预案的通知》（国办函〔2015〕134 号）

《国家突发公共事件总体应急预案》（国发〔2005〕11 号）

《应急管理部关于修改〈生产安全事故应急预案管理办法〉的决定》（应急管理部令第 2 号）

《国务院关于印发"十四五"国家应急体系规划的通知》（国发〔2021〕36 号）

《国家减灾委员会关于印发"十四五"国家综合防灾减灾规划的通知》（国减发〔2022〕1 号）

《应急管理部关于印发〈"十四五"应急管理标准化发展计划〉的通知》（应急〔2022〕34 号）

（2）电力监管机构规范性文件

《电力企业应急预案评审和备案细则》（国能综安全〔2014〕953 号）

《电力企业应急预案管理办法》（国能安全〔2014〕508 号）

《电力企业应急能力建设评估管理办法》（国能发安全〔2020〕66 号）

《国家能源局综合司关于印发〈电力安全事故应急演练导则〉的通知》（国能综通安全〔2022〕124 号）

《国家能源局关于加强电力企业安全风险预控体系建设的指导意见》（国能安全〔2015〕1 号）

《应急管理部 国家能源局关于进一步加强大面积停电事件应急能力建设的通知》（应急〔2019〕111 号）

《关于印发国家能源局重大突发事件应急响应工作制度的通知》（国能安全〔2014〕470 号）

（3）主要技术标准

GB 38755—2019　电力系统安全稳定导则

GB/T 29639—2020　生产经营单位生产安全事故应急预案编制导则

GB/T 38209—2019　公共安全演练指南

GB/T 26399—2011　电力系统安全稳定控制技术导则

GB/T 27921—2011　风险管理　风险评估技术

GB/T 36572—2018　电力监控系统网络安全防护导则

DL/T 2518—2022　电网企业应急预案编制导则

DL/T 692—2018　电力行业紧急救护技术规范

AQ/T 9007—2019　生产安全事故应急演练基本规范

AQ/T 9009—2015　生产安全事故应急演练评估规范

2. 主要应急法律法规介绍

1）《中华人民共和国突发事件应对法》有关解读

（1）《中华人民共和国突发事件应对法》的总体思路

① 把突发事件的预防和应急准备放在优先的位置。

一是建立了处置突发事件的组织体系和应急预案体系，为有效应对突发事件做了组织和制度准备；二是建立了突发事件监测网络、预警机制和信息收集与报告制度，为最大限度减少人员伤亡、减轻财产损失提供了前提；三是建立了应急救援物资、设备、设施的储备制度和经费保障制度，为有效处置突发事件提供了物资和经费保障；四是建立了社会公众学习安全常识和参加应急演练的制度，为应对突发事件提供了良好的社会基础；五是建立了由综合性应急救援队伍、专业性应急救援队伍、单位专职或者兼职应急救援队伍以及武装部队组成的应急救援队伍体系，为做好应急救援工作提供了人员保证。

② 坚持有效控制危机和最小代价原则。

任何关于应急管理的制度设计都应当将有效地控制、消除危机作为基本的出发点，以有利于控制和消除面临的现实威胁。因此，在立法思路上必须坚持效率优先，根据中国国情授予行政机关充分的权力，以有效整合社会各种资源，协调指挥各种社会力量，确保危机最大限度地得以控制和消除。同时，又必须坚持最小代价原则，规定行政权力行使的规则和程序，以便将克服危机的代价降到最低限度。缺乏权力行使规则的授权，会给授权本身带来巨大的风险。在制度上，绝对不允许为了克服危机不择手段。因此，《中华人民共和国突发事件应对法》在对突发事件进行分类、分级、分期的基础上，确定突发事件的社会危害程度，授予行政机关与突发事件的种类、级别和时期相适应的职权。

③ 对公民权利依法予以限制和保护相统一。

突发事件往往具有社会危害性，政府固然负有统一领导、组织处置突发事件应对的主要职责，同时社会公众也负有义不容辞的责任。在应对突发事件中，为了维护公共利益和社会秩序，不仅需要公民、法人和其他组织积极参与有关突发事件应对工作，还需要其履行特定义务。因此，《中华人民共和国突发事件应对法》对有关单位和个人在突发事件预防和应急准备、监测和预警、应急处置和救援等方面服从指挥、提供协助、给予配合、必要时采取先行处置措施的法定义务做出了规定。同时，为了保护公民的权利，《中华人民共和国突发事件应对法》规定了征用补偿等制度。

④ 建立统一领导、分级负责和综合协调的突发事件应对机制。

实行统一的领导体制，整合各种力量，是确保提高突发事件处置工作效率的根本举措。《中华人民共和国突发事件应对法》规定，国家建立统一领导、综合协调、分类管理、分级负责、属地管理为主的应急管理体制。

（2）《中华人民共和国突发事件应对法》确立的主要制度

① 突发事件的预防和应急准备制度。

突发事件的预防和应急准备制度是《中华人民共和国突发事件应对法》中最重要的一个制度，包括如下具体内容：提高全社会危机意识和应急能力的制度、隐患调查和监控制度、应急预案制度、建立应急救援队伍的制度、突发事件应对保障制度、城乡规划要满足应急需要的制度。

② 突发事件的监测制度。

监测制度是做好突发事件应对工作，有效预防、减少突发事件的发生，控制、减轻和消除突发事件引起的严重社会危害的重要制度保障。为此，本法从建立统一的突发事件信息系统、建立健全监测网络等方面做了规定。

③ 突发事件的预警制度。

预警制度是根据有关突发事件的预测信息和风险评估，依据突发事件可能造成的危害程度、紧急程度和发展趋势，确定相应预警级别、发布相关信息、采取相关措施的制度。其实质是根据不同情况提前采取针对性的预防措施。具体包括如下内容：预警级别制度，预警警报的发布权制度，发布三级、四级警报后应当采取的措施，发布一级、二级警报后应当采取的措施。

④ 突发事件的应急处置制度。

突发事件发生以后，首要的任务是进行有效的处置，防止事态扩大和次生、衍生事件的发生。突发事件的应急处置制度包括如下内容：一是自然灾害、事故灾难或者公共卫生事件发生后可以采取的措施；二是社会安全事件发生后可以采取的措施；三是发生突发事件、严重影响国民经济正常运行时可以采取的措施。

⑤ 突发事件的事后恢复与重建制度。

突发事件的威胁和危害基本得到控制和消除后，应当及时组织开展事后恢复和重建工作，以减轻突发事件造成的损失和影响，尽快恢复生产、生活、工作和社会秩序，妥善解决处置突发事件过程中引发的矛盾和纠纷。突发事件的事后恢复与重建制度具体包括如下内容：一是及时停止应急措施，同时采取或者继续实施防止次生、衍生事件或者重新引发社会安全事件的必要措施；二是制订恢复重建计划，突发事件应急处置工作结束后，有关人民政府应当在对突发事件造成的损失进行评估的基础上，组织制订受影响地区恢复重建计划；三是上级人民政府提供指导和援助，受突发事件影响地区的人民政府开展恢复重建工作是需要上一级人民政府支持的，可以向上一级人民政府提出请求，上一级人民政府应当根据受影响地区遭受的损失和实际情况，提供必要的援助；四是国务院根据受突发事件影响地区遭受损失的情况，制定扶持该地区有关行业发展的优惠政策。

2）《中华人民共和国安全生产法》有关解读

《中华人民共和国安全生产法》是于 2002 年制定的，并于 2009 年、2014 年、2021 年进行了三次修订。这部法律对预防和减少生产安全事故发挥了重要作用。我国生产安全事故死亡人数从历史最高峰 2002 年的约 14 万人，降至 2022 年的约 2.09 万人，下降 85.1%；重特大事故起数从 2001 年的 140 起下降到 2022 年的 11 起，下降

92.1%。现行的《中华人民共和国安全生产法》具有很强的指导性和可操作性。主要适应性调整内容如下。

① 贯彻新思想新理念。2021年修订版，以习近平新时代中国特色社会主义思想为指导，立足于人民群众对平安的需求向往，着眼解决影响构建新发展格局、实现高质量发展的安全生产突出问题，将习近平总书记关于安全生产工作一系列重要指示批示精神转化为法律规定，增加了安全生产工作坚持人民至上、生命至上，树牢安全发展理念，从源头上防范化解重大安全风险等规定，为统筹发展和安全两件大事提供了坚强的法治保障。

② 落实中央决策部署。《中共中央 国务院关于推进安全生产领域改革发展的意见》，对安全生产工作的指导思想、基本原则、制度措施等做出了新的重大部署。2021年修订版，深入贯彻中央文件精神，增加了重大事故隐患排查治理情况报告、高危行业领域强制实施安全生产责任保险、安全生产公益诉讼等重要制度。

③ 健全安全生产责任体系。第一，强化党委和政府的领导责任。2021年修订版，明确安全生产工作坚持党的领导，要求各级人民政府加强安全生产基础设施建设和安全生产监管能力建设，所需经费列入本级预算。第二，明确各有关部门的监管职责。规定安全生产工作实行"管行业必须管安全、管业务必须管安全、管生产经营必须管安全"。对新兴行业、领域的安全生产监督管理职责不明确的，明确由县级以上地方各级人民政府按照业务相近的原则确定监督管理部门。第三，压实生产经营单位的主体责任。明确生产经营单位的主要负责人是本单位安全生产第一责任人，对本单位的安全生产工作全面负责，其他负责人对职责范围内的安全生产工作负责。要求各类生产经营单位健全并落实全员安全生产责任制、安全风险分级管控和隐患排查治理双重预防机制，加强安全生产标准化、信息化建设，加大对安全生产资金、物资、技术、人员的投入保障力度，切实提高安全生产水平。

④ 强化新问题新风险的防范应对。深刻吸取近年来事故教训，对安全生产事故中暴露的新问题做了针对性规定。比如，要求餐饮行业使用燃气的生产经营单位安装可燃气体报警装置并保障其正常使用；要求矿山等高危行业施工单位加强安全管理，不得非法转让施工资质，不得违法分包、转包；要求承担安全评价的一些机构实施报告公开制度，不得租借资质、挂靠、出具虚假报告。同时，对于新业态、新模式产生的新风险，强调应当建立健全并落实全员安全生产责任制，加强从业人员安全生产教育和培训，履行法定安全生产义务。

⑤ 加大对违法行为的惩处力度。第一，罚款金额更高。2021年修订版，普遍提高了对违法行为的罚款数额，就大家关注的事故罚款，由2014年修订版规定的20万元至2000万元，提高至30万元至1亿元；对单位主要负责人的事故罚款数额由年收入的30%至80%，提高至40%至100%。现在对特别重大事故的罚款，最高可以达到1亿元。第二，处罚方式更严。违法行为一经发现，即责令整改并处罚款，拒不整改的，

责令停产停业整改整顿，并且可以按日连续计罚。第三，惩戒力度更大。采取联合惩戒方式，最严重的要进行行业或者职业禁入等联合惩戒措施。通过"利剑高悬"，有效打击震慑违法企业，保障守法企业合法权益。

3）《生产安全事故应急条例》有关解读

国务院于 2019 年颁布了《生产安全事故应急条例》，在立法理念上坚持了以人民为中心的思想，从保障人民群众生命财产安全的目的出发，贯彻生命至上、科学救援的应急管理理念，着眼于提高安全生产应急救援能力，对安全生产应急管理不同环节进行了细致规范。《生产安全事故应急条例》是应急管理法律体系中安全生产领域的配套法规，在加强生产安全事故应急工作中，具有重要的基础性、规范性作用。《生产安全事故应急条例》立法的突出特点体现在以下几个方面。

（1）明确了职责定位

① 理顺了各级政府应急管理职责和定位。《生产安全事故应急条例》明确了政府统一领导，部门各负其责，应急管理部门指导协调，乡镇人民政府以及街道办事处等地方人民政府派出机关协助配合的生产安全事故应急管理体制。这为生产安全事故应急管理工作提供了坚强有力的组织保障。

② 强化了生产经营单位应急管理责任。《生产安全事故应急条例》明确指出，生产经营单位主要负责人对本单位的生产安全事故应急工作全面负责。这有利于生产经营单位结合自身情况建立行之有效的岗位责任配置工作体系，明确各岗位责任人员、责任范围和考核标准等内容，做到层层落实应急管理责任，确保本单位应急管理工作顺利开展。

（2）完善了制度规定

① 细化应急处置措施。《生产安全事故应急条例》对发生生产安全事故后，生产经营单位、有关地方人民政府及其部门各自应采取的应急救援措施进行了细化，对生产经营单位开展先期处置、政府组织救援及向上级人民政府报告请求支援等工作环节予以规范，出发点是突出第一时间响应，有利于提高救援时效和效率。

② 强化生产经营单位应急救援预案编制和演练。《生产安全事故应急条例》明确要求生产经营单位应当针对可能发生生产安全事故的特点和危害，在进行风险辨识和评估的基础上编制应急救援预案；确立应急救援预案动态修订以及备案、公布制度，明确生产安全事故应急救援预案制定单位应当及时修订相关预案的情形；针对政府及其部门、不同类型企业，规定了不同期限要求的应急救援预案演练制度，切实发挥应急救援预案牵引应急准备、指导应急救援的重要作用。

③ 加强应急救援制度建设。《生产安全事故应急条例》规范应急救援队伍管理，如：建立高危行业企业应急物资配备制度，提高应急支撑和保障能力；建立生产安全事故应急救援评估制度，及时总结和吸取应急处置经验教训，提高事故灾难应急处置能力；

建立应急救援社会化服务制度，使应急救援社会化、市场化服务工作具备了法规制度基础。

（3）创新了保障措施

① 明确应急救援费用承担原则。《生产安全事故应急条例》规定，应急救援费用由事故责任单位承担，在事故责任单位无力承担的情况下，由有关地方人民政府协调解决，突出了生产经营单位安全生产主体责任，有效解决了应急救援费用承担难题。

② 建立应急救援现场总指挥负责制度。《生产安全事故应急条例》规定，生产安全事故发生后，可以设立应急救援现场指挥部，实行总指挥负责制，各有关单位和个人应当服从指挥救援工作，确保生产安全事故现场应急指挥统一、有序、高效。

③ 赋予有关人民政府决定应急救援终止的权限。《生产安全事故应急条例》规定，生产安全事故的威胁和危害得到控制或者消除后，有关人民政府应当依法决定停止执行全部或部分应急救援措施。

④ 坚持违法必究。《生产安全事故应急条例》规定了相应法律责任，对生产安全事故应急违法行为进行处罚，有效保障了具体制度和措施的实施。

4）《电力安全事故应急处置和调查处理条例》有关解读

2007年，国务院公布施行了《生产安全事故报告和调查处理条例》。《生产安全事故报告和调查处理条例》对生产经营活动中发生的造成人身伤亡和直接经济损失的事故的报告和调查处理做了规定。电力生产和电网运行过程中发生的影响电力系统安全稳定运行或者影响电力正常供应，甚至造成电网大面积停电的电力安全事故，在事故等级划分、事故应急处置、事故调查处理等方面，都与《生产安全事故报告和调查处理条例》规定的生产安全事故有较大不同，电力安全事故难以完全适用《生产安全事故报告和调查处理条例》中的规定，有必要制定《电力安全事故应急处置和调查处理条例》专门的行政法规，对电力安全事故的应急处置和调查处理做出有针对性的规定。

（1）调整了事故等级划分标准

电力安全事故的等级划分，涉及采取相应的应急处置措施、适用不同的调查处理程序以及确定相应的事故责任等，在《电力安全事故应急处置和调查处理条例》中予以明确非常必要。根据事故影响电力系统安全稳定运行或者影响电力正常供应的程度，《电力安全事故应急处置和调查处理条例》将电力安全事故划分为特别重大事故、重大事故、较大事故、一般事故等四个等级。这样规定，既在事故等级上与《生产安全事故报告和调查处理条例》相衔接，同时在事故等级划分的标准上又体现了电力安全事故的特点。对于电力安全事故等级划分的标准，《电力安全事故应急处置和调查处理条例》主要规定了五个方面的判定项，包括造成电网减供负荷的比例、造成城市供电用户停电的比例、发电厂或者变电站因安全故障造成全厂（站）对外停电的影响和持续时间、发电机组因安全故障停运的时间和后果、供热机组对外停止供热的时间。由于这些标准属于专业性、技术性规范，非常具体，因此《电力安全事故应急处置和调查处理条例》从立法体例上做了相应处理，将电力安全事故等级划分标准以附表的形式列示，没有在正文中规定。

（2）规定了电力安全事故由谁牵头进行调查处理

考虑到电力事故的实际情况和特点、电力安全监管体制以及当前的实际做法，《电力安全事故应急处置和调查处理条例》规定，特别重大事故由国务院或者国务院授权的部门组织事故调查组进行调查处理，重大事故由国务院电力监管机构组织事故调查组进行调查处理，较大事故由事故发生地电力监管机构或者国务院电力监管机构组织事故调查组进行调查处理，一般事故由事故发生地电力监管机构组织事故调查组进行调查处理。

（3）明确了电力安全事故的应急处置的主要措施

《电力安全事故应急处置和调查处理条例》根据《中华人民共和国突发事件应对法》的有关规定，总结了电力安全事故应急处置的实践经验，对电力安全事故应急处置的主要措施做了规定，明确了电力企业、电力调度机构、重要电力用户以及政府及其有关部门的责任和义务。此外，《电力安全事故应急处置和调查处理条例》还对恢复电网运行和电力供应的次序以及事故信息的发布做了规定。

（4）明确了事故调查处理和法律责任

①《电力安全事故应急处置和调查处理条例》对不同事故等级的调查权限、事故调查组织、事故调查期限、事故调查报告内容、事故调查中的技术鉴定和评估、结束事故调查程序、事故防范和整改措施的落实和监督检查等，做了明确的规定。

②《电力安全事故应急处置和调查处理条例》对电力企业、电力企业负责人、电力监管机构、有关地方人民政府以及其他负有安全生产监督管理职责的有关部门，明确了相应的法律责任和处罚规定。《电力安全事故应急处置和调查处理条例》对发生事故的电力企业主要负责人，规定了经济罚款、行政处分等严厉的处罚条款。

（5）与《生产安全事故报告和调查处理条例》的衔接

《电力安全事故应急处置和调查处理条例》从几个层面对与《生产安全事故报告和调查处理条例》的衔接问题做了处理。

① 根据电力生产和电网运行的特点，总结电力行业安全事故处理的实践经验，明确将《电力安全事故应急处置和调查处理条例》的适用范围界定为电力生产或者电网运行过程中发生的影响电力系统安全稳定运行或者影响电力正常供应的事故。电力生产或者电网运行过程中造成人身伤亡或者直接经济损失，但不影响电力系统安全稳定运行或者电力正常供应的事故，属于一般生产安全事故，依照《生产安全事故报告和调查处理条例》的规定调查处理。

② 对于电力生产或者电网运行过程中发生的既影响电力系统安全稳定运行或者电力正常供应，同时又造成人员伤亡的事故，原则上依照《电力安全事故应急处置和调

查处理条例》的规定调查处理，但事故造成人员伤亡，构成《生产安全事故报告和调查处理条例》规定的重大事故或者特别重大事故的，则依照《生产安全事故报告和调查处理条例》的规定，由有关地方政府牵头调查处理，这样更有利于对受害人的赔偿以及责任追究等复杂问题的解决。

③ 因发电或者输变电设备损坏造成直接经济损失，但不影响电力系统安全稳定运行和电力正常供应的事故，属于《生产安全事故报告和调查处理条例》规定的一般生产安全事故，考虑到此类事故调查的专业性、技术性比较强，《电力安全事故应急处置和调查处理条例》明确规定，由电力监管机构依照《生产安全事故报告和调查处理条例》的规定组织调查处理。

④ 对电力安全事故责任者的法律责任，《电力安全事故应急处置和调查处理条例》做了与《生产安全事故报告和调查处理条例》相衔接的规定。

# 第 2 章　应急规划

"十四五"期间，我国能源消费增长迅猛，能源发展进入新阶段，在保供压力明显增大的情形下，电力安全发展的一些深层次矛盾凸显，风险隐患增多。尤其是重大突发事件应对能力明显不足。近年来，我国遭受的自然灾害突发性强、破坏性大、监测预警难度不断提高，部分重要密集输电通道、枢纽变电站、大型发电厂因灾受损风险升高。部分城市防范电力突发事件应急处置能力不足，效率不高。流域梯级水电站、新能源厂站综合应急能力存在短板，威胁电力系统安全稳定运行和电力可靠供应。

## 2.1　供电企业应急管理发展规划

### 2.1.1　指导思想

以习近平新时代中国特色社会主义思想为指导，贯彻落实党中央、国务院关于安全生产工作决策部署，深入贯彻"四个革命、一个合作"能源安全新战略，把握"十四五"期间电力发展新阶段、新特征、新要求，深刻认识面临的安全风险，坚持生命至上，强化系统安全，保障电力供应，推进电力应急管理体系和能力现代化，最大限度地减轻电力突发事件造成的影响和损失。

### 2.1.2　发展目标

到 2025 年底，实现电力行业重大安全风险清晰可控，化解安全风险能力大幅提升，电力应急基础管理扎实有效，应急指挥系统完善和机制顺畅，电力应急技术水平、资源配置能力、灾害防御能力、联合处置能力与应急实战需求相匹配，重大活动保电和突发事件处置应对顺利完成，电力应急管理体系和能力现代化建设成效显著。

### 2.1.3　发展思路

供电企业应以情景构建理论为应急管理工作的业务指导思想，导入精益管理理念，开展具有企业特色的应急体系发展规划建设，不断提高应急资源利用率和管理效率，创造价值、创新发展，形成应急业务精益长效机制，保持企业对外形象，提升品牌运营能力，引领应急管理水平提升。

#### 1.供电企业应急管理机制发展规划

由于现有技术的限制、事故征兆不明显等原因，不是所有的事故都可以事先通过预警机制发现征兆，很多事故是无法准确预测的。也可能因没有采取有效措施，未能避免事故发生。同时，对事故的处置往往需要多个部门的共同参与，需要迅速调集充足的人力、物力、财力提供保障。这就需要建立良好的事故反应机制。一旦事故发生，可在很短的时间内做出决策，对事故进行处置。由于事故的突发性和危害性，供电企业必须将事故应急管理纳入日常的电力安全生产管理和运作中，使之成为供电企业日常管理的重要组成部分。

（1）明确建立应急管理机制的必要性。正是因为事故具有突发性和不确定性的特点，所以应对事故的措施也不尽相同，为尽可能降低事故的危害和影响，企业就必须建立切合实际、有效的应急管理机制，使应急救援行动迅速、准确和有效。所谓迅速，就是能迅速传递事故信息，迅速建立统一的指挥系统，迅速调集各种应急资源，迅速开展应急救援工作。所谓准确，就是准确地掌握事故规模、性质、特点、现场环境等信息，准确地对应急救援行动进行决策。所谓有效，就是建立应急决策机制，在应急救援行动中达到控制事故危害、减少事故损失的实际效果。

（2）着力完善电力应急管理体系。在供电企业发展过程中，应该完善电力生产故障的应急管理组织体系，整合现有的各种应急资源，并且将其纳入统一化的应急管理职能部门，统一对应急事故处理人员、应急物资进行管理，确保事故发生时能够第一时间安排人员进行电力事故抢修，对电力故障进行修复，及时恢复用电。同时，为了提高电力抢修水平，要明确供电企业各个部门在应急处理过程中的职能，部门之间要相互配合，在应急处理部门的指导下对事故进行处理。

（3）事故的预警机制和快速反应机制是事故应急管理机制中两项最基本的制度。有效的预警和快速的反应能够最大限度地减少事故给企业、员工损失，最大限度地减少事故对社会造成的影响。事故发生前，一般都会有一些征兆，如果能够及时发现这些可能导致事故的征兆，并采取适当的措施，则可能防止事故的发生，至少可为应急救援赢得准备时间。因此，建立事故预警机制并将其纳入供电企业日常管理，对事故应急管理是十分重要的。

**2.供电企业应急组织机构发展规划**

应急组织是应急工作管理和应急救援工作的重要保障，供电企业应急发展规划应将组织体系建设列为重要工作。供电企业应急组织体系的建设目标：形成领导小组决策机构指挥、办事机构牵头组织、有关部门分工落实、党政工团协助配合、企业上下全员参与的应急组织体系，实现企业应急管理工作的常态化。

（1）应急领导体系发展规划

供电企业应建立由各级应急领导小组及其办事机构组成的、自上而下的应急领导体系。

应急领导体系包括应急领导小组和应急办事机构。供电企业各单位成立应急领导小组，全面领导应急工作。应急领导小组组长由本企业行政正职担任，副组长由其他分管领导担任，成员由总经理助理、总工程师、总经济师、总会计师以及各相关部门主要负责人组成。领导小组成员名单及常用通信联系方式上报上级应急领导小组备案。

供电企业各单位应急领导小组下设安全应急办公室和稳定应急办公室（应急办公室简称应急办）作为办事机构。

安全应急办设置在本单位安全生产监督检查管理机构，负责自然灾害、事故灾难类突发事件，以及社会安全类突发事件造成的公司所属设施损坏、人员伤亡事件的有关工作。

稳定应急办可设置在本单位办公室（或综合管理部门），负责公共卫生、社会安全类突发事件的有关工作。

（2）应急管理体系发展规划

供电企业应建立由安全生产监督检查管理机构归口管理、各职能部门分工负责的应急管理体系。

应急管理体系包括应急综合管理机构和应急专业职能部门。

应急综合管理机构，即安监部，是应急工作归口管理部门，负责日常应急工作的综合管理和监督检查，负责应急体系建设与运维、突发事件预警与应对处置的协调或组织指挥、与政府相关部门的沟通及汇报等工作。

应急专业职能部门，即调度、运检、营销、信通、外联、信访、保卫等部门，是应急工作的专业职能部门，分工负责本专业范围内的应急工作。公司内各职能部门应按照"谁主管、谁负责"和"管专业必须管应急"的原则，贯彻落实应急领导小组有关决定事项，负责管理范围内的应急体系建设与运维、相关突发事件预警与应对处置的指挥、与政府专业部门的沟通协调等工作。基建、农电、物资、财务、后勤等部门应落实应急队伍和物资储备，做好应急抢险救灾、抢修恢复等应急处置及保障工作。

### 3. 供电企业应急精益化管理

（1）从当前情况来看，基于供电企业自身的实际情况，理应制定相应的安全生产目标，并以此为核心，打造一套应急管理体系。伴随日常工作的正常开展，对其内容也要不断完善。根据体系的要求，提前开展准备和预防，将事故出现的概率降至最低。应急管理本身便属于一项系统性工作，涉及的环节和因素很多，企业在开始规划之前，理应结合现有的问题，编制预案。在编制时，需要多部门的负责人共同参与，通过相互交流和探讨，确保各方面内容都能有所涉及。但凡发现有任何缺陷，都需要及时采取措施予以优化。此外，应急预案还需要将电力生产的班组、岗位以及基层考虑进来，做好落实工作，加强各个基层之间的工作衔接，尽可能打造一套更为完善的安全生产应急系统。之后再根据统一领导，采用分级负责的方式，对预案内容进行分析，确保其具有较高的有效性和实用性。

（2）供电企业应结合自身开展精益化管理理论在应急方面的研究与应用，建立起长效管理机制，推进突发事件情景构建工作，提升应急准备和应急处置能力。具体可以从以下两方面进行：一是企业应融合精益管理的思路，聚焦应急全过程管理环节，在行业内建立应急能力对标模型和制表体系，全方位开展行业内外应急能力对标工作；二是优化应急管理模式，加快应急新理论、应急新技术的研究与应用，完善应急物资、应急装备全生命周期管理模式，加快应急平台、应急基地建设，开展应急队伍的标准化建设，提高企业应急精益化管理水平。

（3）开展情景构建研究，提升应急准备能力。供电企业研究不同区域、不同类别、不同等级的灾害影响机理，建立重大突发事件情景分析理论体系，以情景分析理论为指导，全面开展电力应急情景构建工作，优化应急预案体系，制定各种情景下的应急准备策略，建立以情景构建为基础的应急处置机制，对灾害影响下的公司资源配置、管理机制等方面缺陷进行梳理完善，持续改进灾情摸查、队伍集结、装备调运、现场指挥、安全监管、后勤保障、信息报送、抢修督导、项目结算及物资回收等工作流程与标准，组织开展常态化培训演练，提升本企业应急准备和应急处置能力。

### 4. 供电企业应急预案体系发展规划

供电企业应按照"横向到边、纵向到底、上下对应、内外衔接"的要求进行应急预案体系建设。应急预案体系由总体应急预案、专项应急预案、现场处置方案构成。企业应强化预案管理工作，健全预案编制、演练、评估、备案等管理机制，通过科学合理地构建巨灾情景，制定切实可行的应急应对措施和科学规范的处理流程，确保预案的科学性和实效性，用于指导突发事件应对工作。

（1）健全各级应急预案，探索应急管理新模式。供电企业要结合政府要求和行业实际，吸收国内外先进理念，研究应急预案在公司应急管理体系中的定位，系统性构建公司各层级的应急预案体系结构。全面分析各类风险，根据风险评估结果，构建科学的巨灾情景，进一步完善公司系统各级应急预案，增强预案的针对性和实用性。结合公司实际优化应急预案流程，提升预案的直观性、实用性。强化应急预案编制、演练、评估、备案等管理工作，研究制定现场处置方案编制标准，应用新技术、新方法逐步实现预案的信息化、数字化及智能化。完善以应急演练检验为重点的应急预案优化机制，反馈修订现有应急预案。

（2）完善应急预案演练制度，建立演练考核机制，研究细化应急演练评估标准，实现演练评估考核的全覆盖和系统性。规范应急预案演练操作流程，提高演练管理的精益化水平。要根据预案的实际情况，企业应按照"研讨会→操练→桌面演练→功能演练→全面演练"的顺序，合理安排演练计划，发现存在的问题，提高参与人员对预案的理解程度，提升演练策划人员的能力。推广计算机仿真演练，实现演练过程的专业化管控。

### 5. 供电企业应急保障体系发展规划

供电企业应强化应急队伍建设，建立起应急能力培训体系，加强应急装备规范化管理，升级建设应急指挥平台，保证资金投入，结合行业特点加强对应急抢险新设备和新技术的研究和应用，完善应急后勤保障。

（1）供电企业应开展应急队伍标准化建设，建立自上而下、内外结合的应急队伍标准化管理机制。内部应急队伍主要为系统内员工，外部应急队伍主要为基建和技改大修工程的外部施工单位。企业应按照"分区域、分灾种、分专业"内外结合原则组建应急队伍，着力构建规模适用、人员精干、专业全面、能力突出的应急队伍。组建直属应急救援队伍，特别成立"攻坚克难"的攻坚队伍，由技术过硬、经验丰富的人员组成，承担公司紧急、重点、难点抢险救灾工作。组建应急专家队伍。分专业、分层次建立公司内外部应急专家队伍，平时为公司应急演练、培训、评估等工作提供专业技术支持，需要时为公司应急处置提供专业参谋、指导、监督等服务，协助公司解决各类应急处置难题，提高公司应急处置决策能力。

（2）企业基于应急实战需要，针对各类应急人员编制培训课程大纲，设计培训课程，通过理论授课、实训操作、实战演练、模拟推演、参观体验、对外交流等方式，分类、分专业开展应急队伍的常态化、规范化培训。根据企业特点建立应急救援基地，将 VR、AR、MR 等网络虚拟与现实技术引入应急队伍的体验式培训研究和实践，提升培训的针对性和有效性。强化应急培训设施建设。将应急管理培训与评估考核同步开展，提高应急队伍跨区域快速机动能力，保障培训效果，加强应急队伍人身风险管控，强化应急抢修作业安全管理，培养员工我要安全的自主安全意识。

（3）企业应结合所在地区和行业灾情风险特点，针对易发灾害性气象等因素特征，依托现有专业应急抢修救援力量，开展应急救援基地建设。重点加强工程抢险、电网抢修、自然灾害事件救援等方面的能力建设，补充完善必要的应急物资、专业救援装备、培训演练设施和生活保障设施，开展专业化应急抢险和救援能力培训与演练，提高急、难、险、重等条件下的工程抢险与应急救援能力。

## 2.2 供电企业应急演练与技术创新发展规划

### 2.2.1 企业开展应急演练的必要性

在生产实践中，供电企业属于关键的直接操作单位，必须将企业各级人员的作用全部发挥出来。企业各级领导除了需要对预案内容的完善方面发挥应有的作用，还要做到全面统筹，有效处理各方面安全问题，并引入到预案编制工作当中，力求应急预案更具系统性、常规性及标准性。在应急预案当中，应急演练一直都是对其实用性价值予以把握的基础方案，检验应急预案实用性、有效性的最佳措施。供电企业必须定期组织开展应急演练工作，安排员工投入到演练活动之中，保证所有员工都能充分了解预案的基本内容，掌握应急处置的关键措施。在实际演练时，还要鼓励员工基于自己的想法，提出意见。通过长期讨论，对演练工作的缺陷不断调整，促使预案工作的有效性有所提升。不仅如此，在进行预案编制的过程中，还需要将公司内各业务主管人员安排在编制小组中，以便更好地落实应急工作的有关具体内容。该模式可以有效明确各职能部门之间的责任和关系，为后续工作的正常开展奠定良好的基础。

### 2.2.2 应急演练新技术创新发展规划

#### 1. 应急管理信息平台技术创新发展规划

（1）建立常态化、一体化的安全学习、教育及培训平台。利用工作流技术建立应急响应的过程模型，深入研究抢修抢险等多种实战事件，分析其最有效的应急处置方法，形成完整处置流程，最终建立起常态化、一体化的安全学习、教育及培训平台。

（2）提高电力安全事故联合应急演练的协同及技术支撑能力，对电力安全事故应急预案进行数字化、结构化分解、预案重构，提供信息关联引擎，通过数据地理空间信息化技术和通用态势图（COP）技术支撑演练的信息流转。

（3）研究应急指挥平台系统业务协同技术。研究应急指挥平台在数据集成、网络集成、应用集成等方面的需求；研究符合应急抢修业务未来发展的业务协同工作模式及相应的工作流程；研究应急抢修工作决策职能模块；研究应急业务与微信平台整合应用。支持配备应急通信技术和产品，形成联动指挥调度平台。集成多功能的应急指

供电企业应急管理基础

挥平台如图 2-1 所示。

图 2-1　集成多功能的应急指挥平台

（4）常态化维持员工安全生产、风险防控意识和应急处置保障能力，通过一体化的指挥决策，可以达到高效调度指挥、投资少、见效快的演练效果，低成本、快速地普及安全生产、风险防控意识，以及提高员工的应急处置保障能力。

（5）基于虚拟现实技术，实现设备故障和电网故障的情景模拟；研究调度员和变电站检修人员故障演练系统架构和功能；研究 3D 可视化应急抢修模拟技术；建立三维可视化应急抢修培训系统；开展数字化应急预案研究，通过研究高智能化的应急处置案例库，分析突发事件发展的某个阶段所采取的应急处置措施，开发更加精确的突发事件监测和参数提取技术，使应用系统中的突发事件模拟更加贴近其真实演化过程。开展供电企业应急能力评估模型研究与应用。

**2. 应急指挥及处置技术创新发展规划**

通过一体化的指挥决策，可以达到高效调度指挥、投资少、见效快的演练效果，低成本、快速地普及安全生产、风险防控意识，以及提高员工的应急处置保障能力。应急管理全过程的关键技术包括：

（1）风险评估技术。这是应急预案编制过程的重要依据，通过风险评估可以确定应急管理的重点目标。通过多因素风险评估和多尺度预测预警，主要关注政府应急能力、突发事件发生概率，有利于事件演化过程的评估制表和评估体系建设，更好地预测事件发展，提高突发事件响应和救援效率。

（2）预测预警技术。这是预测预警阶段的重要内容，通过建立预警系统，可以及时捕捉危险征兆，揭示和反映安全隐患等问题。通过预警机制，对外预警社会，提醒相关部门和群众；对内明确重点，及时采取应对措施。

（3）应急决策技术。该技术以应急救援实际需求为出发点，以应急救援基础理论为支撑，系统地开展了智慧应急救援决策系统关键技术与软硬件模块的研发与应用工作；以基于现场实时收集到的信息，结合动态事故演化模型的应急处置智慧化算法，实现灾害现场的高效辅助决策与快速响应。

（4）应急演练技术。以开放式演练方式代替照本宣科式的展示性演习方式，通过模拟灾害发生、发展的过程以及人们在灾害环境中可能做出的各种反应，积累应急演习的经验，发现在应急处置过程中存在的问题，检验和评估应急预案的可操作性和实用性，提高应急能力。

（5）应急平台技术。应急平台是以公共安全科技和信息技术为突破、以应急管理流程为主线、软硬件相结合的突发事件应急保障技术系统，是实施应急预案的工具；具备风险分析、信息报告、监测监控、预测预警、综合研判、辅助决策、综合协调与总结评估等功能。此外，恢复重建阶段是知识的新一轮储备，是更高层次的预防与准备，需要更多、更好、更先进的科学规划、手段和技术。

3. 应急通信保障技术创新发展规划

（1）研究基于不确定性的抢险现场语音、图像、数据的融合通信方法，通过融合不同制式的语音对讲、图像传输技术，充分发挥已有资源的效能，形成一套行之有效的快速搭建前线指挥部基础通信保障的方法。通过协议转换中心，融合窄带语音传送和宽带图像传送，将数字集群对讲系统与无人机、直升机图像采集系统有机融合，实现与应急智慧平台管理系统对接，实现在应急抢险演练和实战场景中的可视化。

（2）基于应急现场指挥通信场景的业务需求与应急现场指挥通信技术系统解决方案，通过电网卫星通信系统构架和方案论证，选择卫星通信应急网络组网方式，确定卫星地面站选址布点原则以及应急通信车车载通信设备；开展基于北斗卫星导航系统的应急通信数据收集技术研究；研究卫星电话的部署原则，卫星通信系统平台建设，高速率应急通信视频、声音和图像传送应用，实现应急指挥中心、应急通信车和现场指挥车等应急成员之间的高可靠性应急视频通信；优化现有通信网络，开展人员定位跟踪、活动检测、视频检测、紧急呼救与报警等功能研究；研究便携式一体化应急通信装置开发技术。通过无人机搭载激光雷达对输电线路进行三维建模如图 2-2 所示。

（3）研究现场应急抢修预案机制，规范信息及时有效传递；研究宽窄带融合通信技术，建设现场应急通信单兵系统；研究应急通信保障快速部署和优化技术，建设仿真实验室；开展应急通信技术在业务场景的综合应用研究。单兵通信装备如图 2-3 所示。

图 2-2 通过无人机搭载激光雷达对输电线路进行三维建模

图 2-3 单兵通信装备

**4.应急救援装备新技术创新发展规划**

（1）开展电网防灾应急新技术的研发。企业可在输电线路视频监测技术，在线监测装置取点方式与通信方式，电网火灾防护与灭火技术，杆塔自动灭火装置，直升机、无人机灭火技术，直升机、无人机灾后影像勘测技术，输电线路风速微型监测装置，电网灾害在线监测装置可靠性提升关键技术、移动储能融冰装置，低温冰冻条件下视频监控装置防冻挂件技术等方面开展研究。

（2）开展用户不间断保供电需求实现方式研究。基于静态转换开关特性，研究具有供电电源回路自动检测和不间断切换功能，适应多种接口形式、多种接线方式和容量要求的辅助装置；与应急发电装备配备组成不间断供电系统，解决 UPS 电源车购置费用高昂、配置数量较少的问题，满足用户各种接线方式和容量的不间断供电需求。

（3）开展重要客户和经常保供电需求用户供用电实时监控技术研究，实现用户供用电实时监控和受影响信息快速获取；开展多规格发电车快速接口技术在保供电工程中的应用研究，在用户用电设备前段增加快速接口设备，实现与用户产权设备的有效隔离，降低工作安全风险，提高工作效率，节省供电企业人力成本，提升对重要客户和保供电用户的管理水平。

企业在开展应急技术规划时应注意，要以有效防范各类突发事件为重点，进一步加强应急科技支撑能力建设，坚持把预防作为应急科技工作主攻方向，着力提高预防、检测、预警、监控科技能力，加快应急科技成果转化先进适用技术试点工程建设，推动应急产业化发展，积极推动和建立齐抓共管的应急科技工作新格局，进一步加快以企业为主体、市场为导向、政产学研相结合的应急技术创新体系建设，切实做好已有应急科技支撑项目成果的转化工作。

### 5. 电网灾害监测预警技术创新发展规划

（1）开展精细化灾害监测预警技术研究，构建电力气象监测网络，研究精细化气象预测技术，建立气象信息精细化预测模型，为电力设备、设施提供更精细的短时临近预报。分析精细化网格内灾害活动，实现精细化灾害监测，为电力系统防灾应急管理提供技术支撑，开展输电线路与气象关联性的风险评估研究，以网格为基本单位，实现近设备级的灾害监测与预警。

（2）开展变电站灾害防护及电网设备故障预测评估技术研究，研究灾害时空分布特征，极端天气造成的自然灾害影响和对变电站设备的影响，建立洪涝、地质、大风、暴雨等灾害引起变电站元件失效和引起停电事件的概率分析模型，开展变电站灾害监测预警与防护技术研究，建立从气象信息、环境监控信息到变电站灾害的预警方法，提出变电站设备灾害防护方法和措施。地质灾害监测预警系统如图2-4所示。

图 2-4　地质灾害监测预警系统

（3）开展灾害影响电网工况模拟分析及决策技术研究，开展灾害条件下跳闸、断线事故模拟分析和影响分析研究，进行负荷损失预测和停电事故预测方法研究，建设电网气象灾害辅助决策中心，实现设备气象信息的集成展示，开展紧急自然灾害条件下事故预决策关键技术研究，开发调度系统与应急指挥系统的实时接口，开展人工紧急调度与安全自动控制协同决策方法研究，开展基于智能快速负荷控制的应急指挥平台研发，研究基于实时状态估计的电网模型，研究基于智能负荷快速控制技术的电网调度事故紧急控制系统，研发网、省、地方三级协调的应急指挥平台。

6. 电网灾害风险评估和灾损预测技术

（1）建立电网因灾受损信息库，划分灾害重点关注区域；提出考虑设备局部气象状况和自然灾害预警信息的设备状态动态评估方法；发展电网自然灾害的大数据分析技术，建立输变电设备灾害损失预测模型。

（2）开展基于多维模型的灾情统计分析技术研究；研究灾害范围预测评估技术，研究设备故障对电网安全性和可靠性影响的风险量化评估方法，建立电网灾后损失量化评估模型。

# 第3章 应急组织体系

在《中华人民共和国突发事件应对法》中，规定了国务院和县级以上地方各级人民政府是突发事件应对工作的行政领导机关，县级以上人民政府对本行政区域内突发事件的应对工作负责。应急组织体系的建立和完善，不仅能够提高应急管理水平，还能够提高救援效率，保障人民生命财产安全。

## 3.1 国家应急组织体系

国家应急组织体系是为了有效应对突发事件和紧急情况而建立的应急管理机构框架，旨在提高国家的应急管理水平，协调各级部门和机构的行动，保障人民群众的生命财产安全。国家应急组织体系由领导机构、议事机构、办事机构、地方机构、专家组和社会力量构成，各个部分承担不同的职责和任务，协同合作，共同推动应急工作的开展。

国家应急组织体系的领导机构是国务院，通过国务院常务会议和国家相关突发公共事件应急指挥机构，负责突发公共事件的应急管理工作，必要时，派出国务院工作组指导有关工作。

国家应急组织体系的议事机构承担跨部门的组织协调任务，在安全生产类、自然灾害类方面的机构主要有国家防汛抗旱总指挥部、国务院抗震救灾指挥部、国务院安全生产委员会、国家森林草原防灭火指挥部、国家减灾委员会等。

国家应急组织体系的办事机构为应急管理部，是国家应急工作的主管部门，负责制定并实施国家级应急管理政策、法规和标准，明确与相关部门和地方各自职责分工，协调指导全国范围内的应急工作。应急管理部在国家层面担任着中心调度和统筹协调的角色，与其他相关部门密切合作，指导和推动应急管理工作的开展。根据应急管理部机构设定，应急管理部主要职责如下：

（1）组织编制国家应急总体预案和规划，指导各地区、各部门应对突发事件工作，推动应急预案体系建设和预案演练。

（2）建立灾情报告系统并统一发布灾情，统筹应急力量建设和物资储备并在救灾时统一调度，组织灾害救助体系建设，指导安全生产类、自然灾害类应急救援，承担国家应对特别重大灾害指挥部工作。

（3）指导火灾、水旱灾害、地质灾害等防治。

（4）负责安全生产综合监督管理和工矿商贸行业安全生产监督管理等。

（5）公安消防部队、武警森林部队转制后，与安全生产等应急救援队伍一并作为综合性常备应急骨干力量，由应急管理部管理，实行专门管理和政策保障，采取符合自身特点的职务职级序列和管理办法，提高职业荣誉感，保持有生力量和战斗力。

国家应急组织体系的地方机构为地方各级人民政府及其有关部门。各省级政府设立的应急管理机构，负责本地区的应急管理工作。地方应急管理部门制定本地区的应急管理规划和预案，组织实施应急演练和培训，协调指导本地区内的应急工作，承担本地区突发事件的应对和处置任务。

国家应急组织体系还有应急专家组，国家各应急管理机构建立各类专业人才库，可以根据实际需要聘请有关专家组成专家组，为应急管理提供决策建议，必要时参加突发公共事件的应急处置工作。

国家应急组织体系还鼓励社会力量的广泛参与，包括企业、社区组织、非政府组织、志愿者等，提供资源支持、人员援助、物资捐赠以及参与应急演练和培训等形式的帮助，共同应对国家级突发事件，减轻灾害影响和人员伤亡。社会力量还包括相关领域的专家和高水平技能型人才，提供技术支持和咨询意见，参与应急预案的编制和修订，进行风险评估和应急能力评估，提供专业指导和技术支持，以提高应急管理的科学性和有效性。

## 3.2 电力应急组织体系构建

### 3.2.1 电力应急组织体系

电力应急组织体系是为了保障电力系统安全和应对突发事件而建立的一套组织机构和工作机制。其主要目标是确保电力供应的可靠性、稳定性和安全性，以及在突发事件发生时能够快速、有效地应对和响应，对于电力系统而言，应急组织体系的构建至关重要。

我国的电力应急组织体系相对完善，包括国家级的电力应急组织体系、地方级的电力应急组织体系和企业级的电力应急组织体系。

国家级的电力应急组织体系由国家能源局牵头，协同相关部门和单位，负责制定和完善电力应急预案、组织应急演练、调度应急资源等工作。国家能源局还建立了电力应急管理信息系统，用于电力应急信息的收集、分析和发布。

地方级的电力应急组织体系由地方政府主导，协同电力企业、重要电力用户、应急管理部门等单位，负责组织应急处置、调度电力资源等工作。地方政府还会根据本地区的实际情况，制定本地区的电力应急预案，明确应急响应级别和具体应急措施。

企业级的电力应急组织体系由电力企业自行建立，与国家级和地方级的电力应急组织体系相互衔接，协同应对突发事件，负责组织应急响应、调度内部资源等工作。电力企业需要建立健全应急管理体系，制定应急预案，加强应急演练和应急培训，确保应急响应能力和水平。比如国家电网有限公司、中国南方电网有限责任公司和中国华能集团有限公司等电力企业建立的电力应急组织体系。国家电网有限公司建立了由各级应急领导小组及其办事机构组成的、自上而下的应急领导体系，由安全监察部门归口管理、各职能部门分工负责的应急管理体系。根据突发事件类别，成立大面积停电、地震、设备设施损坏、雨雪冰冻、台风、防汛、网络安全等专项事件应急处置领导机构，并形成了领导小组统一领导、专项事件应急处置领导小组分工负责、办事机构牵头组织、有关部门分工落实、党政工团协助配合、企业上下全员参与的应急组织体系，实现了应急管理工作的常态化。

### 3.2.2　供电企业应急组织机构及职责

完善的应急组织体系是健全应急管理体制、提高应急服务水平的组织保障。供电企业应建立常设组织机构，省、市、县公司分别成立应急管理领导小组，统一领导本单位应急工作，并设置安全、稳定等应急办公室，在突发事件发生时根据应急预案要求启用专项处置领导小组及办公室，从专业角度组织突发事件的应急处置。

#### 1. 省级供电公司应急组织机构

省级单位应急组织机构可分为应急决策机构和应急指挥机构。日常状态组织机构仅有应急决策机构。省级供电公司应急组织机构如图 3-1 所示。

（1）应急决策机构

应急决策机构为常设机构，设立了应急领导小组，并下设应急办公室（简称应急办）。

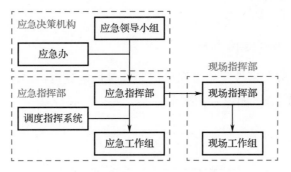

图 3-1　省级供电公司应急组织机构

① 应急领导小组。

应急领导小组是本级企业应急管理最高领导机构，应急领导小组由组长、副组长及成员组成；组长由本单位主要负责人担任，副组长由相关分管负责人担任，成员由其他分管负责人、总助、总师及各相关部门负责人担任。

公司应急领导小组全面领导应急工作。应急领导小组职能由安委会行使，组长由安委会主任（董事长）担任，常务副组长由安委会常务副主任（总经理）担任，副组长由安委会副主任担任，成员由安委会其他成员担任。

② 应急办。

公司应急领导小组下设应急办。国家电网有限公司系统将应急办分为安全应急办和稳定应急办，安全应急办设在安全监察部，负责自然灾害、事故灾难类突发事件，以及社会安全类突发事件造成的公司所属设施损坏、人员伤亡事件的有关工作；稳定应急办设在办公厅，负责公共卫生、社会安全类突发事件的有关工作。应急办负责公司日常应急管理工作，负责收集各类应急信息并进行汇总、分析和处理，是信息的统一出口和唯一来源。

（2）应急指挥机构

以国家电网有限公司为例，在应对重大及以上自然灾害、事故灾难突发事件时，分别在国网总部和省级公司设立应急指挥部，根据实际需要设立现场指挥部。

① 应急指挥部。

应急指挥部是公司针对某一个或多个突发事件应急处置所授权的最高指挥机构，由总指挥、副总指挥、成员部门组成。

应急指挥部根据处突涉及的工作需要成立应急工作组，应急工作组仅作为业务分工，具体工作以部门为单位实施。各部门处置分工可在部门应急预案中进行完善。

典型应急工作组包括综合协调组、电网调控组、故障抢修组、供电服务组、物资保障组、后勤保障组、新闻宣传组、资产理赔组、安全监督组等。

② 现场指挥部。

现场指挥部可根据实际情况成立现场工作组。现场指挥员由应急指挥部确定，成员由现场指挥员指定。

## 2.市级供电公司应急组织机构

市级供电公司突发事件应急组织机构通常包括领导机构、办事机构、指挥机构、应急工作组和专家组等，如图3-2所示。

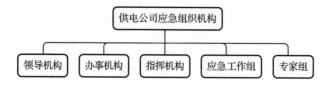

图 3-2　市级供电公司应急组织机构

（1）领导机构

市级供电公司突发事件应急领导小组（简称应急领导小组），全面领导公司应急工作。公司应急领导小组组长由公司主要领导担任，副组长由公司其他领导担任，成员由公司副总工、相关部门主要负责人担任。

应急领导小组主要职责：贯彻执行国家、政府、能源监管机构、上级单位等有关应急工作的法律、法规、政策和规章制度；研究制定公司预防和处置突发事件的措施和指导意见；接受政府应急指挥机构的指挥；研究建立和完善公司应急体系；保障应急资金投入；指挥公司应急处置实施工作。

（2）办事机构

公司应急领导小组下设安全应急办和稳定应急办。安全应急办设在安全监察部，负责安全生产应急工作的归口管理。稳定应急办设在行政工作部、党建部、综合部或者其他部门，负责社会稳定应急工作的归口管理。

应急办主要职责：落实上级部门应急工作要求和公司应急领导小组部署的各项任务；监督检查、协调指导公司突发事件预防、应急准备、调查与评估工作；与相关部门共同负责突发事件信息收集、分析和评估；与政府有关部门建立应急联动机制，及时报告有关情况；发布与解除突发事件预警信息；承担公司应急领导小组交办的其他工作。

（3）指挥机构

根据突发事件类别，成立专项突发事件应急领导小组。根据实际需要成立现场指挥部，指挥现场处置工作。

专项突发事件应急领导小组是处置特定突发事件的领导机构，其主要职责是：领导协调公司专项突发事件的应急处置、抢修恢复工作；宣布公司进入和解除应急状态，决定启动、调整和终止应急响应；领导、协调具体突发事件的抢险救援、恢复重建及信息披露和舆情引导工作。

（4）应急工作组

按照特定突发事件应急处置的需要，在专项突发事件应急领导小组下设应急工作组，应急工作组具体负责公司相关应急预案的实施。

（5）专家组

公司建立各专业应急人才库，根据实际需要组建应急专家组，为应急处置提供决策建议。

省、市、县各级供电公司应急组织机构基本相同。完善的应急组织体系涵盖安全、稳定、新闻、调度、生产、营销、农电、基建、物资、通信、后勤保障等专业，可实现应急状态下公司上下联动，区域内人财物资源统筹共享，提高资源利用率和调配效率；有助于对外加强与地方政府、当地资源、社会团体、群众、客户等协调联动机制建设，畅通信息流通渠道，不断提升应急状态下互相协作支援能力，共同应对各类突发事件。

此外，针对自然灾害、事故灾难、公共卫生、社会安全等事件，供电公司可制定对应的应急预案与构建对应应急组织体系，最大限度地预防和降低事件所造成的损失及影响，维护公司正常生产经营秩序，保障国家安全、社会稳定和人民生命财产安全。

## 3.3 供电企业应急组织体系建设重点环节

中国区域电网应急组织体系结构包含政府机构、供电企业、发电企业和重要用户4大主体。

其中政府机构处于主导地位，涵盖多个公共服务与监管部门。供电企业、发电企业和重要用户虽然承担着电网灾难性事件预防预警、紧急控制和应急响应等环节的具体职责，但是由于这些企业均无权调度本单位之外的社会应急资源，因此必须保证地方政府在电网应急管理中的中心地位，其应急方案应当侧重原则和框架规定，发挥组织、指挥和协调作用。电网应急体系的其他成员应当按照区域电网应急方案的要求完成其担负的具体应急任务，重点在于其应急行为的规范性、合理性和可操作性。由于电网调度部门的特殊地位，其对电力系统行使实际的紧急操作权力，而且高度自动化的调度机制和训练有素的工作人员可以完成电网应急管理中最重要的预警、控制和恢复操作，因此应分别围绕政府应急指挥中心和电网调度中心建立"双核心"应急指挥模式，分别行使电网内部资源和外部资源的协调调度责任，如图3-3所示。"双核心"应急指挥模式适用于国家级、省（自治区、直辖市）级和市（地）级的电网应急管理工作。

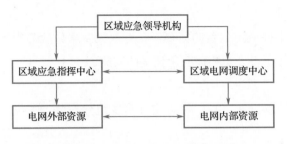

图 3-3　"双核心"应急指挥体系

　　保障快速高效恢复对用户的供电是电网应急管理的出发点和目标，尤其重要用户的停电的恢复，是保障人民生命财产安全和社会稳定的重要基础。因此，各级电力应急组织体系均把重要用户列为主体之一，并应根据停电后对人身、经济、社会和环境安全的影响对重要用户进行分类分级。

## 3.4　应急指挥中心场所

　　应急指挥中心场所是指应急领导小组内用以实现应急值守、应急指挥、应急会商和放置相关设备等功能的物理场所，一般包括应急值班区域、应急指挥区域、会商区域、控制区域、设备区域等部分，并配备应急管理信息系统和基础支撑系统。

　　应急管理信息系统可实现信息的采集、处理分析、决策与发布，是事故预警、响应和电网恢复决策的综合数字化平台，是应急指挥中心的重要组成部分。应急领导小组利用其可以全面掌握电力系统紧急事件的现状，实现各相关机构应急资源的高效协调和决策指挥。应急管理信息系统既整合了原有的调度自动化系统、营销自动化系统等信息资源，也可根据应急管理工作的特点采集大量的新信息，如现场可视化系统及其应急人力、物资、设备资源数据。

　　保障应急指挥中心正常运转的各类基础支撑系统，包括通信与网络系统、综合布线系统、音视频会议系统、视频采集及显示系统、集中控制系统、录播系统等。

### 3.4.1　应急指挥中心保障

　　各级公司应做好应急指挥中心和应急管理信息平台建设运维，实现应急工作管理、应急处置、辅助应急指挥等功能，满足公司各级应急指挥中心互联互通，以及与政府相关应急指挥中心联通要求，完成指挥员与现场的高效沟通及信息快速传递，为应急管理和指挥决策提供丰富的信息支撑和有效的辅助手段。

　　应急指挥中心常态通信量较小，但是在紧急状态下，呼入、呼出应急指挥中心的电话较多，其他数据传输量也将加大。如果应急指挥中心的软硬件设施跟不上，工作人员不能及时处理信息，将会造成信息的缺失或者模糊，影响应急决策的效率和质量。为提高应急管理信息系统的承载能力、信息分析能力，应定期更新系统的软硬件设施，并充分利用大数据、人工智能等技术提高系统的智能化、数字化水平，且应配置适当规模的应急通信设施和人员。

### 3.4.2　应急指挥中心构建

供电公司应构建总部、省、市、县四级应急指挥中心，加强四级应急指挥中心运维管理，健全应急指挥中心管理制度，制定运维标准，建立运维评估机制，创新备品备件管理模式，确保使用高效；构建四级应急指挥中心通信专网，创新应急指挥中心显示控制模式，提升四级应急指挥中心通信调度能力。

### 3.4.3　现场指挥部构建

当突发自然灾害、生产安全事故等事件时，供电企业应急领导小组应派驻电力应急救援现场指挥部，负责电力恢复、人员救助等。电力应急救援现场指挥部组织架构、职责分工和应急流程应当明确、科学、合理，只有不断完善电力应急救援现场指挥部的建设，才能更好地应对突发事件，保障电力安全。相对于传统的组织配置，应当压缩职能部门、精炼管理层次，可依据相关应急管理的法规、预案和上级指示，设置计划、组织、协调三个应急管理职能。电力应急救援现场指挥部的基本架构如图 3-4 所示。

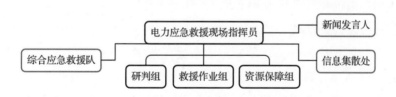

图 3-4　电力应急救援现场指挥部基本架构

由于现场救援的参与主体众多，面临的救援目标多、部门职能多、执行手段多，所遇到的事务性问题具有量大、随机性和多样化的特点，因此应当将现场问题的处置权赋予现场指挥部，并任命现场指挥员，由其统领现场应急指挥部的整体动作。这是保证应急指挥"统一领导"原则的有效手段。现场指挥员这一职位的使命是管理整个现场的救援组织的总体活动，而非仅仅事件本身。现场指挥员的重要职责是掌控事态发展，评估被救援目标状态，确定目标执行的优先级，下达任务命令，制定应急队伍与资源的调配行动方案，监督救援行动的执行，保持现场同上级部门领导与外界的信息交流，确保现场指挥部有序运作等。

计划职能由研判组承担，主要搜集突发事件相关信息、报告事故进展、应对社会反映情况，根据事件的性质，组织涉事单位、部门以及专家进行第一时间会商和现场研判，第一时间实施相关单位和部门的信息协同和技术资源的联动，确保研判的准确性和及时性。

组织职能由救援作业组承担，负责突发事件的处置、救援等具体的执行活动。救援作业组根据突发事件的不同性质以及救援难度，匹配相应的组织资源，一般可设立计划组承担计划配置任务，同时依照需求配备多个救援作业组，各作业组整合相关参与部门，作业顺序由救援作业组组长统一调配。

协调职能由资源保障组承担，负责协调调配供电公司内部资源以及协助政府部门调配交通、医疗、气象等单位和其他应急救援组织快速参与救援。

在构建电力应急救援现场指挥部的过程中，需要注意以下几个问题。

（1）安全问题

电力应急救援现场指挥部的建立需要考虑现场的安全问题，应该选择安全的地点，并采取必要的措施，以确保指挥部和救援人员的安全。

（2）协调问题

电力应急救援现场指挥部需要协调各部门和救援队伍之间的工作，应该建立有效的协调机制，以确保救援工作的高效进行。

（3）信息共享问题

电力应急救援现场指挥部需要及时共享现场信息，以便指挥员做出正确的决策，应该建立信息共享机制，确保信息的及时准确传递。

此外，在电力应急救援现场指挥部的构建过程中，还包括制定应急处置方案、建立应急处置指挥系统和配置应急资源等。

（1）制定应急处置方案

电力应急救援现场指挥部需要制定应急处置方案，明确各个部门的职责和任务。应急处置方案包括应急响应级别、应急处置组织架构、应急处置流程、应急处置措施等内容。应急处置方案应该根据电力系统的实际情况进行制定，确保方案的科学性和有效性。

（2）建立应急处置指挥系统

电力应急救援现场指挥部需要建立应急处置指挥系统。应急处置指挥系统包括指挥调度中心、信息中心、通信中心等。指挥调度中心是应急处置指挥系统的核心部门，负责指挥和协调各个部门的应急处置工作。信息中心是负责收集、处理和传递应急信息的部门。通信中心是负责应急通信的部门，保障应急处置工作的顺利进行。应急救援现场指挥中心如图 3-5 所示。

图 3-5　应急救援现场指挥中心（帐篷内部设置）

（3）配置应急资源

电力应急救援现场指挥部需要配置应急资源，包括人员、设备、物资等。人员资源是指应急处置工作所需的专业人员和技术人员。设备资源是指应急处置工作所需的抢修设备和通信设备。物资资源是指应急处置工作所需的各种物资，包括抢修材料、燃料、饮用水等。应急资源应该根据电力系统的实际情况进行配置，应确保资源的充足性和有效性。应急通信装备如图 3-6 所示。

041

图 3-6　应急通信装备

# 第 4 章　应急预案

在《国务院办公厅关于印发突发事件应急预案管理办法的通知》中指出，应急预案是指各级人民政府及其部门、基层组织、企事业单位、社会团体等为依法、迅速、科学、有序应对突发事件，最大限度减少突发事件及其造成的损害而预先制定的工作方案。应急预案明确了突发事件各阶段特定的单位应该做什么、怎么做、谁来做、什么时候做以及相应资源，是标准化的反应程序，以使突发事件或危机应对和处置活动能够迅速、有序地按照计划和最有效的步骤来进行。应急预案总体来说就是我们应对和处置风险及突发事件的基础和依据，它确定了应急处置的体系、范围、分工和流程，使应急处置不再无据可依无章可循。应急预案有利于我们做出及时的应急响应，降低突发事件的影响范围和影响程度。

## 4.1　应急预案体系

在《国务院办公厅关于印发突发事件应急预案管理办法的通知》中强调，单位和基层组织应急预案由机关、企业、事业单位、社会团体和居委会、村委会等法人和基层组织制定，侧重明确应急响应责任人、风险隐患监测、信息报告、预警响应、应急处置、人员疏散撤离组织和路线、可调用或可请求援助的应急资源情况及如何实施等，体现自救互救、信息报告和先期处置特点。大型企业集团可根据相关标准规范和实际工作需要，参照国际惯例，建立本集团应急预案体系。

国家应急预案体系框架如图 4-1 所示。

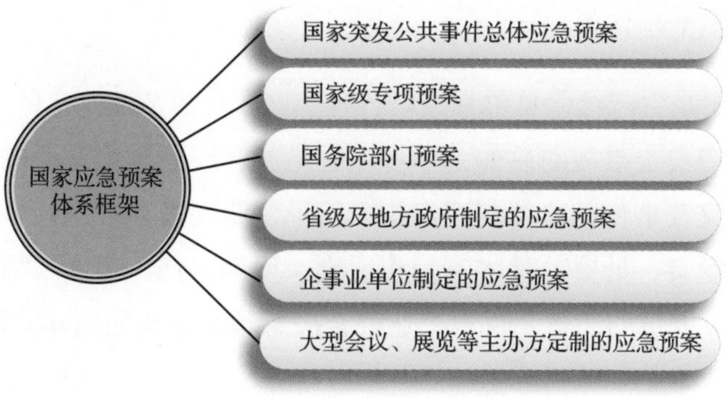

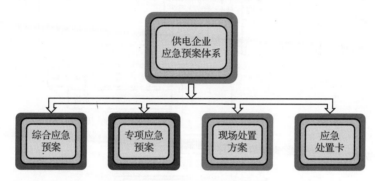

图 4-1　国家应急预案体系框架

供电企业应急预案体系包括综合应急预案、专项应急预案、现场处置方案以及根据需要编制的应急处置卡等，如图 4-2 所示，具有系统性、完整性和广泛性的特征。

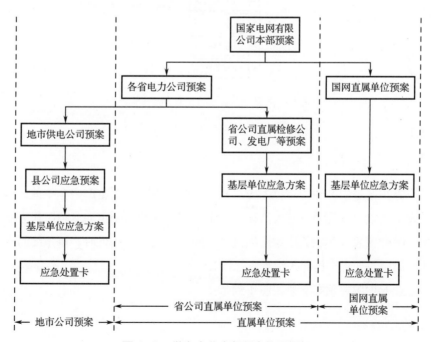

图 4-2　供电企业应急预案体系

043

供电企业应急预案体系框架如图 4-3 所示。

图 4-3　供电企业应急预案体系框架

### 4.1.1 综合应急预案

综合应急预案是生产经营单位为应对各种生产安全事故而制定的综合性工作方案，是本单位应对生产安全事故的总体工作程序、措施和应急预案体系的总纲，是供电企业组织应对各类突发事件的总体制度安排，用于说明突发事件应急预案体系的基本框架、组织结构及职责、处置的基本流程和原则，明确事前、事发、事中、事后各个阶段相关部门和有关人员的职责。供电企业综合应急预案框架如图4-4所示。

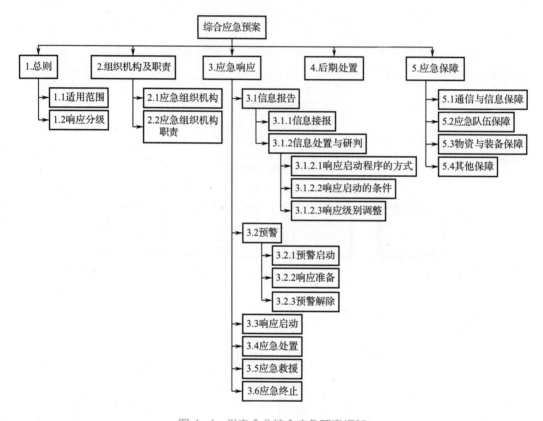

图 4-4　供电企业综合应急预案框架

### 4.1.2 专项应急预案

专项应急预案是生产经营单位为应对某一种或者多种类型生产安全事故，或者针对重要生产设施、重大危险源、重大活动防止生产安全事故而制定的专项工作方案。专项应急预案与综合应急预案中的应急组织机构、应急响应程序相近时，可不编写专项应急预案，相应的应急处置措施并入综合应急预案。

供电企业专项应急预案框架如图4-5所示。

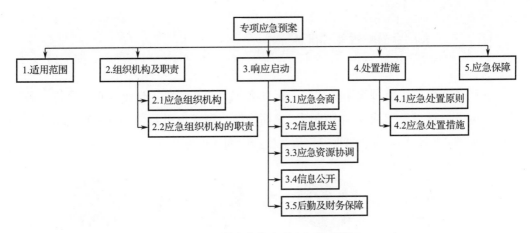

图 4-5　供电企业专项应急预案框架

### 4.1.3　现场处置方案

现场处置方案是生产经营单位根据不同生产安全事故类型，针对具体场所、装置或者设施所制定的应急处置措施。事故风险单一、危险性小的生产经营单位，可只编制现场处置方案。现场处置方案具有强调自救互救、信息报告和先期处置的特点。

供电企业现场处置方案框架如图 4-6 所示。

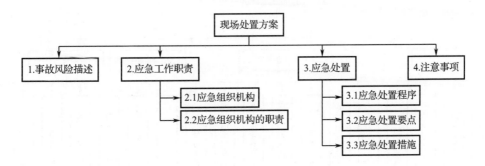

图 4-6　供电企业现场处置方案框架

### 4.1.4　应急处置卡

《生产安全事件应急预案管理办法》第十九条中规定，生产经营单位应当在编制应急预案的基础上，针对工作场所、岗位的特点，编制简明、实用、有效的应急处置卡。

在实际工作中应做到"一事一卡一流程"（"一事"是指现场突发事件，"一卡"是指重点岗位应急处置卡，"一流程"是指现场突发事件处置流程）。应急处置卡应当规定重点岗位、人员的应急处置程序和措施，以及相关联络人员和联系方式，便于从业人员携带和使用。

## 4.2 应急预案编制程序

生产经营单位应急预案编制程序包括成立应急预案编制工作组、收集资料、风险评估、应急资源调查、应急预案编制、桌面推演、征求意见及预案评审和发布等 8 个步骤，如图 4-7 所示。供电企业应急预案体系如图 4-8 所示。

图 4-7　应急预案编制步骤

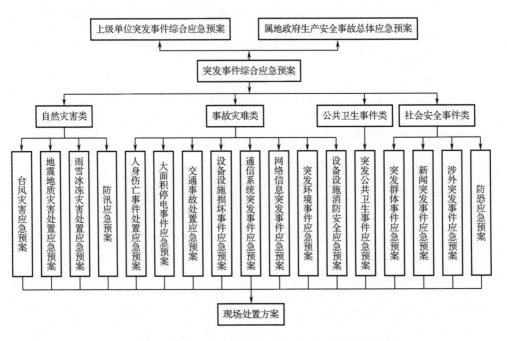

图 4-8　供电企业应急预案体系（包含但不限于以上内容）

### 4.2.1　成立应急预案编制工作组

应急预案编制工作组应结合本单位职能和分工，成立以单位有关负责人为组长，单位相关部门人员（如生产、技术、设备、安全、行政、人事、财务人员）参加的应急预案编制工作组，明确工作职责和任务分工，制订工作计划并组织开展应急预案编

供电企业应急管理基础

制工作，应邀请相关救援队伍及周边相关企业、单位或社区代表参加。

| 工作组职务 | 任职要求 | 工作组职责 |
|---|---|---|
| 组长 | 单位有关负责人（或分管负责人） | 1. 明确工作职责与任务分工；<br>2. 制订工作计划；<br>3. 组织开展应急预案编制工作 |
| 组员 | 1. 单位有关部门人员（如生产、技术、设备、安全、行政、人事、财务人员）；<br>2. 应邀请相关救援队伍及周边相关企业、单位或社区代表参加；<br>3. 有关专家及有现场处置经验的人员 | |

明确企业各相关具体部门参加工作组，杜绝由某一部门独立编制，有利于应急准备和应急保障；明确相关救援队伍及周边相关企业、单位或社区代表参加，有利于预案与地方应急资源的相互支持与衔接。

## 4.2.2 收集资料

《生产经营单位生产安全事故应急预案编制导则》（GB/T 29639—2020）对预案编制前的资料收集要求更加详细，为预案编制的精准性打下了信息基础，也为企业间的应急响应联动打下了基础。

| 序号 | 编制组应收集的资料 |
|---|---|
| 1 | 适用的法律法规、部门规章、地方性法规和部门规章、技术标准和规范性文件 |
| 2 | 企业周边地质、地形、环境情况及气象、水文、交通资料 |
| 3 | 企业现场功能区划分、建（构）筑物平面布置及安全距离资料 |
| 4 | 企业工艺流程、工艺参数、作业条件、设备装置及风险评估资料 |
| 5 | 本企业历史事故与隐患、国内外同行业事故资料 |
| 6 | 属地政府及周边企业、单位应急预案 |

## 4.2.3 风险评估

### 1. 风险的概念

风险是指发生特定突发事件的可能性与后果的组合。

"风险"一词由来已久，远古时期的渔民在长期的捕捞实践中，深深地体会到风给他们带来的无法确定的危险。他们认为，出海捕捞作业中，"风"就意味着"险"，因此便有风险一词。

供电企业安全生产方面的主要风险，一是人身伤亡风险。在生产施工作业过程中，可能导致人身伤害事故的因素，涉及触电伤害、高空坠落、物体打击、机械伤害、中毒窒息等。二是大电网运行安全风险。电网大面积停电等系统性风险累积，极端自然灾害和重要设备故障等传统风险长期存在，网络攻击等非传统风险也已日益成为电网安全运行的重大威胁。

风险评估是量化测评某一事件或事物带来的影响或损失的程度。

### 2. 风险的特征

（1）客观性。风险的客观性是指风险是客观存在的，是不以人们的意志为转移的，是难以准确预料的，也是无力阻止的。

（2）突发性。风险的产生往往是突然出现的，人们面临突然产生的风险，往往表现出不知所措，其结果是加剧风险的破坏性。

（3）多变性。风险会受到各种因素的影响，在风险性质、破坏程度等方面呈现动态变化的特征。

（4）可识别性。风险的诸多性质决定了风险的发生往往有一些先兆现象，使得其具有一定的可识别性。风险识别意味着在风险发生之前，管理者能够运用各种技术和方法对潜在的及已经存在的各种风险进行系统归类，总结出面临的风险，并分析风险事故发生的潜在原因。

（5）模糊性。风险随时随地在不断变化着，风险事件发生的地点、时间、概率、损失的大小和范围等都无法准确确定，由于影响风险的各种因素是随机的、模糊的，具有不确定性，因此风险具有模糊性。

（6）多样性。风险可分为自然灾害风险、事故灾难风险、社会安全风险、公共卫生风险等，这些风险之间存在着交错复杂的内在联系，它们相互影响、交互作用，因此必须进行系统识别和综合考虑。

（7）破坏性。风险的发生会给人们带来人身伤害、设备设施损失、环境破坏、生产经营秩序破坏等。

（8）发展性。在人类社会的不同阶段，风险的种类在不断发生变化，并且随着时代的发展而相应地发生、发展和消亡。如某些传染病可能会随着特效疫苗的发明而消失；与此同时，随着人类社会的发展和进步，新风险会随之出现，如环境污染、核辐射等。

### 3. 风险分类

供电企业要全面开展风险评估，首先需要了解可能存在的风险的种类。

《中华人民共和国突发事件应对法》将突发事件分为自然灾害、事故灾难、公共卫生事件和社会安全事件四大类，因此灾害风险也应该是相对应的四大类，即自然灾害风险、事故灾难风险、公共卫生风险和社会安全风险。在这四大分类之下，根据供电企业的特性，同时参照国家有关规定，可进一步将灾害进行分类。供电企业风险种类分类表如表4-1所示。

表 4-1 供电企业风险种类分类表

| 风险分类 | 自然灾害风险 | 事故灾难风险 | 公共卫生风险 | 社会安全风险 |
|---|---|---|---|---|
| 灾害种类 | 地震灾害 | 大面积停电 | 传染病疫情 | 恐怖袭击事件 |
| | 地质灾害 | 人身伤害 | 不明原因疾病 | 经济安全事件 |
| | 气象灾害 | 网络信息安全 | 食品安全 | 涉外突发事件 |
| | 水旱灾害 | 设备设施损坏 | 职业危害 | 群体性突发事件 |
| | 海洋灾害 | 环境污染 | | 民族宗教事件 |
| | 森林与草原火灾 | 火灾事故 | | |

（1）自然灾害风险

《自然灾害分类与代码》（GB/T 28921—2012）将自然灾害划分为气象水文灾害、地震地质灾害、海洋灾害、生物灾害和生态环境灾害等五类灾害。2020 年，国务院组织开展第一次全国自然灾害综合风险普查，普查涉及的自然灾害类型主要有地震灾害、地质灾害、气象灾害、水旱灾害、海洋灾害、森林和草原火灾等。依据上述两种分类方式，结合供电企业的特点，可将地震灾害、地质灾害、气象灾害、水旱灾害、海洋灾害、森林和草原火灾这六类灾害风险作为供电企业自然灾害风险评估的对象。

（2）事故灾难风险

依据《生产安全事故报告和调查处理条例》《电力安全事故应急处置和调查处理条例》《特种设备安全监察条例》等法律法规，结合供电企业特点，可将人身伤害风险、大面积停电风险、网络信息安全风险、设备设施损坏风险、环境污染风险、火灾事故风险作为供电企业事故灾难风险评估的对象。

（3）公共卫生风险

《突发公共卫生事件应急条例》（国务院令第 376 号）规定，突发公共卫生事件是指突然发生，造成或者可能造成社会公众健康严重损害的重大传染病疫情、群体性不明原因疾病、重大食物和职业中毒以及其他严重影响公众健康的事件。结合供电企业的特点，可将传染病疫情、不明原因疾病、食品安全和职业危害以及其他严重影响公众健康和生命安全的事件作为供电企业公共卫生风险评估的对象。

（4）社会安全风险

主要包括恐怖袭击事件、经济安全事件、涉外突发事件、群体性突发事件和民族宗教事件等。

（5）供电企业主要风险

国家电网有限公司根据风险产生的原因和可能导致的安全生产事故（事件）性质，安全风险主要分为电网风险、设备风险、人身风险、网络风险、消防风险、交通风险、政策风险和其他风险等。

#### 4. 风险评估要求

风险评估是应急管理活动中的重要组成环节，是由风险识别、风险分析和风险评价构成的一个完整过程。

我国规范开展风险评估工作已有十多年，2009 年起国家相继发布了《风险管理原则与实施指南》（GB/T 24353—2009）、《风险管理 风险评估技术》（GB/T 27921—2011）、《危险化学品重大危险源辨识》（GB 18218—2018）等标准；国家发展改革委、国家能源局等单位发布了《电网安全风险管控办法（试行）》（国能安全〔2014〕123 号）、《关于加强电力企业安全风险预控体系建设的指导意见》（国能安全〔2015〕1 号）、《国务院安委会办公室关于实施遏制重特大事故工作指南构建双重预防机制的意见》（安委办〔2016〕11 号）、《国家发展改革委办公厅国家能源局综合司关于进一步加强电力安全风险分级管控和隐患排查治理工作的通知》（发改办能源〔2021〕641 号）等一系列规章制度。这些规章制度和标准具体阐述了风险评估活动开展的具体过程和步骤。风险评估的形式及结果应与组织的自身情况相适合。选择合适的风险评估技术和方法，有助于组织及时、高效地获取准确的评估结果。

#### 5. 风险评估目的

针对供电企业突发事件的特点，辨识存在的危险有害因素，分析供电企业突发事件发生的可能性以及可能产生的直接后果和次生、衍生后果，评估危害程度和影响范围，指导应急预案体系规划与应急预案编制，增进决策者对风险的掌握，以利于风险应对策略的正确选择与制定。

#### 6. 风险评估原理

风险评估不仅应考虑产生风险的因素和导致电力突发事件发生的可能性及其后果严重程度、不同风险及其风险源的相互关系等，还应考虑相关控制措施、控制成本及其有效性。电力突发事件发生的概率以及现有的安全控制措施决定电力突发事件发生的可能性；能量或危险物质的量、危险物质的理化性质以及周边人员、资产分布情况决定电力突发事件的后果严重程度。

#### 7. 风险等级

根据确定的评估方法与风险判定准则进行风险评估，判定风险等级。风险等级判定应遵循从严从高的原则，国家电网有限公司将风险评估级别划分为重大风险（一级）、较大风险（二级）、一般风险（三级）。风险等级划分表如表 4-2 所示。

#### 8. 风险评估方法

根据生产经营的性质和特点，在生产准备、实施、维护、终止等阶段有针对性地选择风险评估方法，开展危险、有害因素识别和风险评估。参考《风险管理 风险评估技术》《国家电网公司输变电工程施工安全风险识别、评估及预控措施管理办法》《国家电网有限公司电力突发事件风险评估与应急资源调查工作规范》等标准，常见的风险评估方法如下。

表 4-2 　风险等级划分表

| 评估级别 | 风险等级 | 管控层级 | 管控要求 |
|---|---|---|---|
| 一级 | 重大风险 | 公司、部门、班组和岗位级 | 视具体情况决定是否停运、停工；需要停运、停工的，只有当风险降至可接受后，才能恢复运行或继续工作 |
| 二级 | 较大风险 | 部门、班组和岗位级 | 需要控制 |
| 三级 | 一般风险 | 班组和岗位级 | 定期检查 |

（1）安全检查表（Check-lists）：检查表是危险、风险或控制故障的清单，而这些清单通常是凭经验（要么是根据以前的风险评估结果，要么是因为过去的故障）编制的。

（2）头脑风暴法（Brainstorming）：头脑风暴法是指刺激并鼓励一群知识渊博的人员畅所欲言，以发现潜在的失效模式及相关危险、风险、决策标准及/或处理办法。头脑风暴法可由提示、一对一以及一对多的访谈技术所激发。

（3）结构化/半结构化访谈：在结构化访谈（Structured Interviews）中，每个被访谈者都会被问起提示单上一系列准备好的问题，以鼓励被访谈者从另一个角度看待某种情况，因此就可以从那个角度识别风险。半结构化访谈（Semi-structured Interviews）与结构化访谈类似，但是可以进行更自由的对话，以探讨出现的问题。

（4）结构化假设分析（SWIFT）：一种激发团队识别风险的技术，通常在引导式研讨班上使用，并可用于风险分析及评价。

（5）预先危险性分析（PHA）：PHA 是一种简单的归纳分析方法，其目标是识别风险以及可能危害特定活动、设备或系统的危险性情况及事项。

（6）危险与可操作性分析（HAZOP）：HAZOP 是一种综合性的风险识别过程，用于明确可能偏离预期绩效的偏差，并可评估偏离的危害度。它使用一种基于引导词的系统。

（7）危险分析与关键控制点（HACCP）：HACCP 是一种系统的、前瞻性及预防性的技术，通过测量并监控那些应处于规定限值内的具体特征来确保产品质量、可靠性以及过程的安全性。

（8）失效模式与影响分析（FMEA）：FMEA 是用来识别组件或系统未能达到其设计意图的方法。

（9）风险矩阵（Risk Matrix）：一种将风险发生可能性与后果严重性相结合的方式。

（10）保护层分析（LOPA）：保护层分析也被称作障碍分析，它可以对控制及其效果进行评价。

（11）故障树分析（FTA）：始于不良事项（顶事件）的分析并确定该事件可能发生的所有方式，并以逻辑树形图的形式进行展示。在建立起故障树后，就应考虑如何减轻或消除潜在的风险源。

（12）事件树分析（ETA）：运用归纳推理方法将各类初始事件的可能性转化成可能发生的结果。

（13）决策树分析：对于决策问题的细节提供了一种清楚的图解说明。

（14）层次分析法（AHP）：定性与定量分析相结合，适合于多目标、多层次、多因素的复杂系统的决策。

（15）FN 曲线：FN 曲线通过区域块来表示风险，并可进行风险比较，可用于系统或过程设计以及现有系统的管理。

（16）德尔菲法（Delphi）：德尔菲技术是在一组专家中取得可靠共识的程序。尽管该术语经常用来泛指任何形式的头脑风暴法，但是在形成之初，德尔菲技术的根本特征是专家单独、匿名表达各自的观点，同时随着过程的进展，他们有机会了解其他专家的观点。

（17）情景分析（Scenario Analysis）：情景分析是指通过分析未来可能发生的各种情景，以及各种情景可能产生的影响来分析风险的一类方法。换句话说，情景分析是类似"如果－怎样"的分析方法。未来总是不确定的，而情景分析使我们能够"预见"将来，对未来的不确定性有一个直观的认识。用情景分析法进行预测，不仅能得出具体的预测结果，而且还能分析达到未来不同发展情景的可行性以及提出需要采取的技术、经济和政策措施，为管理者决策提供依据。

（18）人因可靠性分析（HRA）：人因可靠性分析主要关注系统绩效中人为因素的作用，可用于评价人为错误对系统的影响。

（19）以可靠性为中心的维修（RCM）：以可靠性为中心的维修是一种基于可靠性分析方法实现维修策略优化的技术，其目标是在满足安全性、环境技术要求和使用工作要求的同时，获得产品的最小维修资源消耗。通过这项工作，用户可以找出系统组成中对系统性能影响最大的零部件及其维修工作方式。

（20）业务影响分析：分析重要风险影响组织运营的方式，同时明确如何对这些风险进行管理。

（21）原因分析：对发生的单项损失进行分析，以理解造成损失的原因以及如何改进系统或过程以避免未来出现类似的损失。分析应考虑发生损失时可使用的风险控制方法以及怎样改进风险控制方法。

（22）潜在通路分析：潜在分析（SA）是一种用于识别设计错误的技术。潜在通路是指能够导致出现非期望的功能或抑制期望功能的状态，这些不良状态的特点具有随意性，在最严格的标准化系统检查中也不一定能检测到。

（23）因果分析：综合运用故障树分析和事件树分析，并允许时间延误。初始事件的原因和后果都要予以考虑。

（24）风险指数：风险指数可以提供一种有效的划分风险等级的工具。

（25）Bow-tie 法：一种简单的图形描述方式，分析了风险从危险发展到后果的各类路径，并可审核风险控制措施。可将其视为分析事项起因（由蝶形图的结代表）的故障树和分析后果的事件树这两种方法的结合体。

（26）在险值（VaR）法：基于统计分析基础上的风险度量技术，可有效描述资产组合的整体市场风险状况。

（27）均值－方差模型：将收益和风险相平衡，可应用于投资和资产组合选择。

（28）资本资产定价模型：清晰地阐明了资本市场中风险与收益的关系。

（29）马尔可夫分析法：马尔可夫分析法通常用于对那些存在多种状态（包括各种降级使用状态）的可维修复杂系统进行分析。

（30）蒙特卡罗模拟法：蒙特卡罗模拟法用于确定系统内的综合变化，该变化产生于多个输入数据的变化，其中每个输入数据都有确定的分布，而且输入数据与输出结果有着明确的关系。该方法能用于那些可将不同输入数据之间相互作用计算确定的具体模型。根据输入数据所代表的不确定性的特征，输入数据可以基于各种分布类型。风险评估中常用的是三角或贝塔分布。

（31）贝叶斯分析：贝叶斯分析是一种统计程序，利用先验分布数据来评估结果的可能性，其推断的准确程度依赖于先验分布的准确性。贝叶斯信念网通过捕捉那些能产生一定结果的各种输入数据之间的概率关系来对原因及效果进行模拟。

（32）LEC 安全风险评价方法：LEC 法是对具有潜在危险性作业环境中的危险源进行半定量的安全评价方法。该方法采用与系统风险值相关的三方面指标值之积来评价系统中人员伤亡风险大小，风险值越大，说明该系统危险性越大，需要增加安全措施，或改变发生事故的可能性，或减少人体暴露于危险环境中的频繁程度，或减轻事故损失，直至调整到允许范围内。

上述风险评估方法中，目前已在供电企业中成功应用的有风险矩阵法、LEC 安全风险评价方法等。

### 9. 风险评估程序

1）总体要求

（1）单位领导到位。风险评估工作是公司生产安全工作的重要环节，实施过程将涉及公司多个核心业务部门，需要公司层面主要领导或分管领导负责。

（2）承办部门组织到位。承办部门将该项工作纳入部门月度绩效考核体系，将评估工作与部门月度重点工作同研究、同部署、同落实、同督查、同考核。

（3）有关部门协调到位。相关部门间沟通协调到位是增强风险评估工作的针对性、提高办理实效的重要举措。承办部门应加强与公司相关部门的联系沟通，确保材料提供及时准确。

2）评估准备

（1）成立风险评估组

成立以单位主要负责人或分管负责人为组长，相关部门人员参加的突发事件风险评估组，明确工作职责和任务分工，制定工作方案。单位可以邀请相关专业机构或者有关专家、有实际经验的人员参加突发事件风险评估。

（2）收集相关资料

① 适用于本单位的法律、法规、规章及标准；

② 危害信息；

③ 单位的资源配置；

④ 设计和运行数据；

⑤ 自然条件；

⑥ 典型突发事件案例；

⑦ 以往风险评估文件（隐患排查成果）；

⑧ 其他有关资料。

（3）选择评估方法

参考《风险管理 风险评估技术》（GB/T 27921—2011）等标准，根据企业生产经营特点和环境基础，选择适当的风险评估方法，如 LEC 安全风险评价法或风险矩阵法等。

3）实施评估

（1）风险识别：发现、确认和描述风险的过程。根据公司生产经营特点，结合评估目的，对生产准备、实施、维护、终止等阶段进行危险有害因素辨识，确定可能发生的突发事件危险源。

（2）风险分析：理解风险性质、确定风险等级的过程。通过分析突发事件发生规律、特点和趋势，评估重点部位、重点环节，确定突发事件风险属于红、橙、黄、蓝 4 个等级的哪一个等级，其中，红色为最高级。

（3）风险评价：对比风险分析结果和风险准则，以确定风险大小是否可以接受或容忍的过程。建立突发事件风险分级管控机制，实施风险差异化动态管理。定期对红色、橙色突发事件风险进行分析、评估、预警，采取风险管控技术、管理制度、管理措施，将可能导致的突发事件后果限制在可防、可控范围之内。

10. 编制风险评估报告

风险评估报告提纲包含以下内容：

（1）评估的主要依据。

（2）风险评估过程。

（3）危险有害因素辨识、可能发生的突发事件类别，描述生产经营单位危险有害因素辨识的情况（可用列表形式表述）。

（4）事故风险分析，描述生产经营单位事故风险的类型、事故发生的可能性、危害后果和影响范围（可用列表形式表述）。

（5）事故风险评价。

① 描述生产经营单位事故风险的类别及风险等级（可用列表形式表述）。

② 可能受突发事件影响的周边场所、人员情况。

③ 现有安全管理措施、安全技术、监控措施和应急措施。

（6）结论与建议。依据上述评价过程，得出生产经营单位应急预案体系建设及预案编制的计划建议。

## 4.2.4　应急资源调查

### 1. 应急资源概念

应急资源是指突发事件应急处置中需要调用的各种资源，主要包括人力资源、物资资源、装备设施资源、信息资源、经费资源等。

### 2. 应急资源调查目的

应急资源调查，是指全面调查本地区、本单位第一时间可以调用的应急资源状况和合作区域内可以请求援助的应急资源状况，并结合事故风险辨识评估结论制定应急措施的过程。开展应急资源调查的目的为了摸清应对突发事件的应急资源实际状况，并为建立完善的应急预案体系做好准备；政府部门、企业的应急资源状况直接影响应急救援任务的完成，直接关系应急处置的成效。

### 3. 应急资源调查内容

应急资源调查主要内容包括应急队伍调查、应急专家调查、应急装备调查、应急物资调查、消防救援队调查、医疗卫生机构调查、应急避难场所调查等。

（1）应急队伍调查

应急队伍可以分为内部队伍和外部队伍，队伍的信息主要包括队伍名称、处置事故类型、地址、总人数、负责人、联系电话等。

（2）应急专家调查

应急专家可以分为本单位专家和外单位专家，专家信息主要包括姓名、处置事故类型、工作单位、地址、联系方式等。

（3）应急装备调查

应急装备可以分为本单位装备和外单位装备，装备信息主要包括装备名称、规格型号、类型、数量、主要功能、存放场所、负责人、联系电话等。

（4）应急物资调查

应急物资可以分为本单位物资和外单位物资，物资信息主要包括物资名称、规格型号、类型、数量、主要功能、存放场所、负责人、联系电话等。

（5）消防救援队调查

供电企业除特高压 / 直流变电站有内部消防队，其他单位主要是依靠地方消防救援队。消防救援队的信息主要包括消防救援队的名称、职责、规模、地址、联系电话等。

（6）医疗卫生机构调查

多数单位基本没有内部医疗卫生机构，医疗卫生机构的主要信息包括医疗卫生机构的名称、规模、擅长处置类型、地址、联系电话等。

（7）应急避难场所调查

应急避难场所可以分为本单位避难场所和社会避难场所，避难场所信息主要包括应急避难场所的名称、地址、路线等。

4. 应急资源调查程序

（1）成立以本单位主要领导或分管领导为组长的应急资源调查工作小组。

（2）各成员按职责分工走访有关单位，开展应急资源的调查。

（3）汇集调查内容，编制调查报告初稿。

5. 应急资源调查报告大纲

（1）概述。单位主要风险状况，调查对象及范围，调查工作程序。

（2）单位内部应急资源。按照应急资源的分类，分别描述相关应急资源的基本现状、功能完善程度、受可能发生的事故的影响程度（可用列表形式表述）等。

（3）单位外部应急资源。描述本单位能够调查或掌握可用于参与事故处置的外部应急资源情况（可用列表形式表述）。

（4）应急资源差距分析。依据风险评估结果得出本单位的应急资源需求，与本单位现有内外部应急资源对比，提出本单位内外部应急资源补充建议。

（5）应急资源调查主要结论。依据应急资源调查，形成基本调查结论。

（6）制定完善应急资源的具体措施。

（7）提出完善本单位应急资源保障条件的具体措施。

（8）附件。附上应急资源调查后的明细表，明细表包括应急资源的种类、名称、数量等信息。

### 4.2.5　应急预案编制

**1.综合应急预案的编制要求**

综合应急预案包括总则、应急组织机构及职责、应急响应、后期处置和应急保障等内容。

（1）总则

明确适用范围和响应分级。参照《生产经营单位生产安全事故应急预案编制导则》《电网企业应急预案编制导则》，可以不体现编制依据、应急预案体系、应急预案工作原则等内容，可以将事故风险评估、应急资源的结论作为附件。

（2）应急组织机构及职责

明确应急组织机构及组成部门的应急处置职责。

（3）应急响应

信息报告、预警、响应启动、应急处置、应急救援、应急终止。应急响应为整个综合预案的核心和关键，依次序为：信息接报→信息处置与研判（分级）→预警（预警启动、响应准备）、预警解除（注：有预警就要做好响应准备，防止事故扩大后来不及启动）→响应启动（注：将信息公开移到启动环节，边响应边公开，有利于透明和防止错误信息传播）→应急处置→应急救援［和编制预案时明确的外部（救援）力量联动］→应急终止。

057

（4）后期处置

明确污染物处理、生产秩序恢复、人员安置等次生、衍生事件。

（5）应急保障

应急通信保障、应急队伍保障、应急物资与装备保障、应急后勤保障等。

（6）相关附件的内容

① 生产经营单位概况。简述本单位地址、从业人数、隶属关系、主要原材料、主要产品（产量）、重点岗位、重点区域、周边重大危险源，以及主要设施、目标、场所及其周边布局情况。

② 风险评估和应急资源调查的结果。简述本单位风险评估和应急资源的结果。

③ 预案体系与衔接。简述本单位应急预案体系构成情况，明确与地方政府及其有关部门、其他相关单位应急预案的衔接（可图示）。

④ 应急物资与装备的名录或清单。列出应急预案涉及的主要物资与装备名称、型号、性能、数量、存放地点、运输和使用条件、管理责任人和联系电话等。

⑤ 有关应急部门、机构或人员的联系方式。列出应急工作中需要联系的部门、机构或人员的联系方式。

⑥ 格式化文本。应急预案编制应按照规范格式编写，具体包括：

封面:应急预案封面主要包括应急预案编号、应急预案版本号、生产经营单位名称、应急预案名称及颁布日期。

批准页:应急预案应经生产经营单位主要负责人批准方可发布。

目次:应急预案应设置目次,目次中所列的内容及次序为:批准页;应急预案执行部门签署页;章的编号、标题;带有标题的条的编号、标题(需要时列出);附件,用序号表明其顺序。

**2. 专项应急预案的编制要求**

专项应急预案包括适用范围、组织机构及职责、响应启动、处置措施、应急保障等。

(1)适用范围

说明专项应急预案的适用范围。

(2)组织机构及职责

明确应急组织机构及组成部门应急处置职责,设置相应的应急救援工作小组并明确各小组的工作任务及主要负责人。

(3)响应启动

明确响应启动的工作程序,包括应急会商、信息报送、应急救援、资源调配、应急响应等级调整、应急响应信息公开、应急后勤保障等工作。

(4)处置措施

针对可能发生的事故风险、危害程度和影响范围,明确应急处置指导原则,制定相应的应急处置措施。

(5)应急保障

根据应急工作需求明确保障内容。

**3. 现场处置方案的编制要求**

现场处置方案重点规范基层的先期处置。现场处置方案的编制应满足以下要求:

(1)简明扼要、明确具体,宜采用表单化。

(2)具有针对性、可操作性。

(3)区别于事故操作规程。

(4)体现自救互救、信息报告和先期处置特点。

**4. 应急处置卡的编制要求**

应急处置卡按照使用对象可分为应急组织机构功能组应急处置卡、基层重点岗位应急处置卡两种类型。应急处置卡的编制应满足以下要求:

(1)应急组织机构功能组应急处置卡应展示本单位不同层级应急组织机构功能组,以及有关负责人的应急处置程序和措施。

(2)基层重点岗位应急处置卡应展示现场处置方案中该岗位应急处置的步骤要点,

便于携带。

供电企业运维人员应对暴雨洪水现场处置卡如表 4-3 所示。

表 4-3　供电企业运维人员应对暴雨洪水现场处置卡

【流程类别】事故灾难类　　　　　　　【应急事件】运维人员应对暴雨洪水现场处置

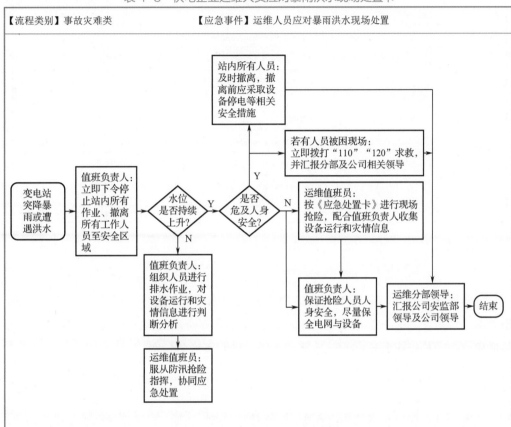

应 急 处 置 卡

| 应急事件 | | 变电站运维人员应对暴雨洪水现场处置 |
|---|---|---|
| 风险预控措施 | 1 | 保持与当地防汛指挥部及气象部门的联系，实时掌握该地区汛情 |
| | 2 | 在抢险过程中注意自身防护，应穿戴安全帽、雨衣、绝缘鞋等防护用品 |
| | 3 | 雷雨天气不准靠近避雷针和避雷器 |
| | 4 | 安装临时排水泵应确保电缆线连接回路绝缘良好，并加装开关及漏电保护器，防止漏电触电 |
| | 5 | 确保人身安全，紧急情况下应立即组织人员撤离 |
| 处 置 步 骤 | | |
| 查明灾情 | 1 | 检查下水管、排水渠等设施通畅情况 |
| | 2 | 观察变电站周围水位情况 |
| | 3 | 检查设备运行情况，重点检查处于低位、易进水的电缆沟、端子箱、机构箱、汇控柜等 |

| 处 置 步 骤 | | |
|---|---|---|
| 水位涨势缓慢 | 1 | 利用固定排水设施或安装临时排水设施进行排水，安排专人看护，同时对进水点进行封堵，控制站内水位上涨趋势 |
| | 2 | 安排专人密切关注站内外水灾发展态势，做好防护措施方可进入现场 |
| | 3 | 对站内存在倒塌风险的设备、杆塔及周边围墙进行隔离，并设置警示标志 |
| | 4 | 在抢险过程中发现有人员受伤时，应根据伤员受伤情况，采取止血、固定、人工呼吸等相应急救措施 |
| 水位涨势迅猛 | 1 | 向调度部门汇报灾情和抢险救灾情况，按照调令调整设备运行方式，保障电网运行 |
| | 2 | 设法保障通信设施的畅通，并做好人员逃生准备 |
| | 3 | 水位上涨威胁人身安全时要及时撤离，必要时请求人员、物资、装备支援 |
| | 4 | 若有人员被困变电站现场或有意外发生，立即拨打"110""120"向事发地附近公安、医院求救 |

### 4.2.6 桌面推演

桌面推演应按照应急预案明确的职责分工和应急响应程序，结合有关经验教训，相关部门及人员可采取桌面演练的形式，模拟生产安全事故应对过程，逐步分析讨论并形成记录，检验应急预案的可行性，并进一步完善应急预案。

### 4.2.7 征求意见

供电企业在应急预案编制过程中，应当根据法律、法规、规章的规定或者实际需要，广泛听取有关部门、单位和专家的意见，涉及其他单位职责的，应当书面征求相关单位意见。必要时，向社会公开征求意见。

供电企业编制的各类应急预案之间应当相互衔接，并与相关人民政府及其部门、应急救援队伍和涉及的其他单位的应急预案相衔接。

### 4.2.8 预案评审和发布

#### 1. 预案评审

供电企业在应急预案编制修订完成后，应当按照国家能源局《电力企业应急预案评审和备案细则》的要求及时组织开展应急预案评审工作，以确保应急预案的合法性、完整性、针对性、实用性、科学性、操作性和衔接性。

在应急预案评审前，供电企业应当组织相关人员对专项应急预案进行桌面演练，以检验预案的可操作性。如有需要，供电企业也可对多个应急预案组织开展联合桌面演练。演练应当记录、存档。

评审工作由编制应急预案的供电企业或其上级单位组织。组织应急预案评审的单位应组建评审专家组，对应急预案的形式、要素进行评审。评审工作可邀请预案涉及的有关政府部门、国家能源局及其派出机构和相关单位人员参加。供电企业也可根据本单位实际情况，委托第三方机构组织评审工作。

评审专家组由电力应急专家库的专家组成，参加评审的专家人数不应少于 2 人。国家能源局及其派出机构负责组建全国和区域电力应急专家库，并负责电力应急专家的聘任、应急专业培训等工作。

在应急预案评审前，供电企业应落实参加评审的人员，将本单位编写的应急预案及有关资料提前 7 日送达相关人员。供电企业应急预案评审包括形式评审和要素评审。

（1）形式评审。依据有关行业规范，对应急预案的层次结构、内容格式、语言文字、附件项目以及编制程序等内容进行审查，重点审查应急预案的规范性和编制程序。

（2）要素评审。依据有关行业规范，从合法性、完整性、针对性、实用性、科学性、操作性和衔接性等方面对应急预案进行评审。为细化评审，采用列表方式分别对应急预案的要素进行评审。评审时，将应急预案的要素内容与评审表中所列要素的内容进行对照，判断是否符合有关要求，指出存在的问题及不足。

应急预案评审采用符合、基本符合、不符合三种意见进行判定。判定为基本符合和不符合的项目，评审专家应给出具体修改意见或建议。

评审专家组所有成员应按照"谁评审、谁签字、谁负责"的原则，对每个预案的评审意见分别进行签字确认。

供电企业应急预案评审应当形成评审会议记录，至少应包括以下内容：

（1）应急预案名称。

（2）评审地点、时间及参会人员信息。

（3）专家组书面评审意见。

（4）参会人员（签名）。

国网甘肃省电力公司各级单位应急预案外部评审如图 4-9 所示。

图 4-9　国网甘肃省电力公司各级单位应急预案外部评审

### 2. 预案发布

专家组会议评审意见要求重新组织评审的，供电企业应当按要求修订后重新组织评审。供电企业应急预案经评审合格后，由供电企业主要负责人签署印发。

应急预案发布时，应统一进行编号。编号采用英文字母和数字相结合，应包含编制单位、预案类别、顺序编号和修编次数等信息，并及时发放到本单位有关部门、岗位和相关应急救援队伍。

## 4.2.9　预案备案

### 1. 外部备案

供电企业应在应急预案正式签署印发后 20 个工作日内，将本单位相关应急预案按以下规定进行备案。

（1）供电企业集团公司或总部向国家能源局备案，地（市）级以上的供电企业向所在地国家能源局派出机构备案。

（2）需要备案的应急预案包括综合应急预案，自然灾害类、事故灾难类相关专项应急预案。

（3）政府其他有关部门对应急预案有备案要求的，同时报备。

供电企业报备应急预案时，应先通过预案报备管理系统进行网上申请，填写应急预案备案申请表，并提交本单位应急预案目录、应急预案形式评审表、应急预案评审意见表的扫描件，应急预案发布相关文件的扫描件等。经国家能源局或其派出机构网上审查并准予备案登记后，将应急预案备案申请表、应急预案目录、应急预案形式评审表的扫描件，应急预案评审意见表的扫描件，应急预案发布相关文件的扫描件，需要报送的应急预案的电子文档等材料刻盘后送至国家能源局或其派出机构备案。

### 2. 内部备案

供电企业内部应制定相关规定，明确备案对象、备案内容、备案形式、备案时间、审查要求等内容，做好供电企业内部各级单位应急预案备案工作。

## 4.2.10　预案实施和修订

### 1. 预案实施

供电企业应急预案的实施由本单位应急领导小组领导，各职能部门负责各自所主管应急预案的具体组织实施和解释工作，应急管理归口部门负责监督。

供电企业应当采取多种形式开展应急预案的宣传教育，普及安全用电常识，应急避险、自救和互救等知识，提高从业人员和社会公众的安全意识与应急处置技能。

供电企业应当按照应急预案的规定，落实应急指挥体系、应急救援队伍、应急物资及装备，建立应急物资、装备配备及其使用档案，并对应急物资、装备进行定期检测和维护，使其处于适用状态。

供电企业发生突发事件，事发单位应当根据应急预案要求立即发布预警或启动应急响应，组织力量进行应急处置，并按照规定将事件信息及应急响应情况报告上级有关单位和部门。

应急处置结束后应对应急预案的实施效果进行评估，并编制评估报告。供电企业应每三年至少进行一次应急预案适用情况的评估，分析评价其针对性、实效性和操作性，实现应急预案的动态优化，并编制评估报告。

2. 预案修订

供电企业编制的应急预案应当每三年至少修订一次，预案修订结果应当详细记录。有下列情形之一的，供电企业应当及时对应急预案进行相应修订。

（1）企业生产规模发生较大变化或进行重大技术改造的。

（2）企业隶属关系发生变化的。

（3）周围环境发生变化、形成重大危险源的。

（4）应急指挥体系、主要负责人、相关部门人员或职责已经调整的。

（5）依据的法律、法规和标准发生变化的。

（6）应急预案演练、实施或应急预案评估报告提出整改要求的。

（7）国家能源局及其派出机构或有关部门提出要求的。

应急预案修订涉及应急组织体系与职责、应急处置程序、主要处置措施、事件分级标准等重要内容的，修订工作应当参照本办法规定的预案编制、评审与发布、备案程序组织进行；仅涉及其他内容的，修订程序可根据情况适当简化。

# 第5章 应急培训

近年来，自然灾害和突发事件给国家、企业和人民带来很大影响和损失，给电网和电力设备设施造成一定程度的侵害和损毁。供电企业自上而下推动应急管理体系建设，依托应急管理系统的应用，组建应急救援基干分队，以应对自然灾害和突发事件对电网造成的影响。依据《国务院关于进一步加强企业安全生产工作的通知》的要求，供电企业主要负责人和应急管理人员、特殊工种人员一律严格考核，按国家有关规定持职业资格证书上岗；没有对应急作业人员进行培训教育，或存在特种作业人员无证上岗的企业，情节严重的要依法予以关闭。供电企业应始终按照"以人为本、安全第一、生命至上"的原则，不断加强应急管理体系建设，通过应急培训来加强应急管理人员和应急救援人员的应急能力，在突发事件来临时，能够准确应对，并实施有效控制和高效救援；通过应急培训来促进应急管理工作常态化和专业化，不断提高供电企业应急管理能力，以减少自然灾害和突发事件给国家和人民生活造成的影响和损失。

## 5.1 应急培训的目标

通过开展应急培训，进一步提升员工应急救援能力，增强应急预案的可操作性，使员工能够很好地履行岗位职责，促进供电企业安全应急救援体系不断完善。

（1）通过对供电企业各级领导干部的培训，提高对应急管理的认识和重视程度，掌握供电企业应急管理的内涵和实施过程，履行相应的应急职责，切实做好分管范围内的应急管理工作。

（2）各级指挥人员、协调人员通过培训，掌握应急管理流程，提高资源调配、指挥协调的能力。

（3）提高各专业应急队伍掌握应急预警、响应等应急抢险救援的启动程序和要领，具备良好的专业应急抢险的技术和现场应急处置能力。

（4）一般应急人员通过应急培训，能够掌握识别风险、规避风险和岗位应急救援的要求，具备熟练的自救和互救技能。

（5）提高供电企业整体的应急管理水平。

## 5.2　应急培训的对象

为应对自然灾害和突发事件对电网造成的影响，供电企业应自上而下推动应急管理体系建设。突发事件等级不同，应急反应层级不同，各层级的工作职责也不同。应急管理体系较为复杂，对应急工作人员的职责、任务和要求需要通过培训加以明确，使各层级人员在突发事件发生时各尽其职，实现有效的控制和高效的救援。各层级培训对象如下：

（1）面向供电企业各级领导的培训。企业应急领导小组应组织本企业各级领导参加应急培训，掌握处理各类突发事件在应急指挥、协调过程中应遵循的处置原则。

（2）面向供电企业各级生产管理人员。应急指挥中心应组织值班人员定期开展相关培训，对安全应急办、稳定应急办、新闻中心、电网调度指挥中心和各应急工作组、基层单位应急工作组的管理人员开展突发事件的应急处理培训工作，提高各级管理人员应对重大突发事件的组织、协调能力。

（3）面向供电企业各专业应急抢修队伍开展培训。在企业应急领导小组的领导下，应急指挥中心和相关部门应加强电网调度、输配电、运行值班、检修维护、继电、试验、通信、生产管理、事故抢修的队伍建设和人员技能培训。对各单位的专业应急抢修队伍进行应急工作宣传和教育，加强各部门和单位之间的协调与配合，落实各自的职责和任务，保证应急预案的有效实施。

（4）面向供电企业各部门、各单位的一般应急救援人员。一般应急救援人员是指除专业应急抢修队伍以外的所有人员。各部门、各单位应对所属员工开展应对突发事件处置工作的培训，提高本部门、本单位整体的应急救援能力。

（5）面向外来人员开展培训。每一个进入供电企业工作或参观的人员都应该进行有关的应急救援预案的培训，让其掌握相关应急职责和应急救援技能。

（6）面向供电企业电力用户的培训。企业各部门协助政府有关部门加强对电力用户的电力生产、电网运行和电力安全知识的科普宣传和教育，采用各种通俗易懂方式普及处置突发事件的正确处理方法，提高公众应对突发停电事件的处置能力。

由于涉及许多专业知识，对应急人员而言，必须熟悉并熟练掌握相关的知识及技能。结合供电企业应急培训的特点，可以把应急培训的对象分为领导干部、应急从业人员、基层干部、应急救援队伍、应急专家、一般员工；培训内容可分为基本应急救援技能、专业应急救援技能、应急预案、应急管理规章制度、应急管理及指挥处置。应急培训对象不同，培训人员所需掌握的知识和技能也不同，具体内容如表 5-1 所示。

表 5-1　应急培训对象与分层目标

| 培训对象 | 培训内容 | | | | |
| --- | --- | --- | --- | --- | --- |
| | 基本应急救援技能 | 专业应急救援技能 | 应急预案 | 应急管理规章制度 | 应急管理及指挥处置 |
| 领导干部 | 掌握 | 了解 | 了解 | 熟练掌握 | 熟练掌握 |
| 应急从业人员 | 熟练掌握 | 掌握 | 掌握 | 熟练掌握 | 掌握 |
| 基层干部 | 掌握 | 掌握 | 掌握 | 熟练掌握 | 熟练掌握 |
| 应急救援队伍 | 熟练掌握 | 熟练掌握 | 熟练掌握 | 熟练掌握 | 掌握 |
| 应急专家 | 掌握 | 了解 | 熟练掌握 | 熟练掌握 | 掌握 |
| 一般员工 | 掌握 | 了解 | 了解 | 了解 | 了解 |

## 5.3　应急培训的方法

供电企业应急培训由应急预案编制组牵头，企业培训中心负责组织。培训方式应采取灵活多样、简单适用、效果明显的方法。主要包括：

（1）编制应急管理手册。根据企业应急管理工作实际，编制通俗易懂的应急管理知识手册，面向员工发放，人手一册，以提高应急意识，传授基本应急知识。

（2）举办应急管理知识讲座。聘请外部专家对专业人员进行系统的专业知识教育，对某一专题进行讲解。

（3）企业内部学习班。组织具备相当水平的企业专业人员从上至下进行分层次的教育培训。

（4）案例宣传教育。精选成功案例，结合实际，进行生动灵活的教育。

（5）电脑多媒体培训。利用幻灯片、Flash 三维动画模拟等多媒体技术进行应急管理知识宣传学习。

（6）模拟演练。要针对每个预案分层模拟演练。由于演练接近于实战，因此能够锻炼应急人员的心理素质、应急技能，对提高应急抢险救援水平最有效果，是一种必不可少的培训方法。

## 5.4 应急培训的内容

### 5.4.1 应急管理工作常识

（1）供电企业应急管理的重要性。

（2）供电企业应急管理的迫切性。

（3）企业应急管理工作要求。

（4）企业各级领导如何开展应急管理工作。

### 5.4.2 国家应急方面的法律法规

《中华人民共和国安全生产法》《中华人民共和国突发事件应对法》《中华人民共和国电力法》及相关法律法规。

### 5.4.3 应急管理基础知识

（1）应急管理规章制度：应急管理相关概念、术语和定义，应急管理工作原则、指导思想和宗旨等。

（2）应急预案的编制：突发事件的概念、事件与事故的区别、供电企业应急预案的作用、应急预案的构成及编制要求、各相关岗位人员的应急职责、应急预警及信息报告与发布、预警控制启动程序与实施、应急响应程序与实施、应急处置原则、应急抢险救援原则等。

（3）供电企业危险因素、危险源辨识。

（4）灾难体验及紧急避险常识、灾难心理学。

（5）一般急救知识：正确拨打"120"急救电话、触电急救常识。

（6）外伤急救基本技术：外伤止血术、外伤包扎术、固定术、搬运术。

（7）常见急症的急救处理：高热的处理与预防、呼吸困难处理与预防。

### 5.4.4 应急预案

供电企业应当组织开展应急预案培训工作，确保所有从业人员熟悉本单位应急预案、具备基本的应急技能、掌握本岗位事故防范措施和应急处置程序。供电企业应当将应急预案的培训纳入本单位安全生产培训工作计划，每年至少组织一次预案培训，并进行考核。应急预案培训的时间、地点、内容、师资、参加人员和考核结果等情况应当如实记入本单位的安全生产教育和培训档案。

应急预案培训的主要内容应当包括本单位的应急预案体系构成、应急组织机构及职责、应急资源保障情况以及针对不同类型突发事件的预防和处置措施等，还应适当增加事故避险、自救和互救等知识，提高从业人员的安全意识与应急处置技能。在应急预案培训过程中，组织对本单位现行应急预案进行评估，对预案内容的针对性和实用性进行分析，并对应急预案是否需要修订做出结论。

示例：国网甘肃省电力公司各级（省、市、县）单位每年初制订应急培训计划，涵盖了应急管理、应急技能两类，将应急预案培训纳入应急管理培训，年内按照计划严格执行，按月对应急培训开展情况进行评价。国网甘肃省电力公司各级单位应急预案培训图如图 5-1 所示。

图 5-1　国网甘肃省电力公司各级单位应急预案培训图

### 5.4.5　应急技能

应急救援技能是指在自然灾害、突发事件等紧急情况下，所需掌握的一些基本技能和应对策略，包括但不限于以下技能。

（1）基本技能：体能训练、心理训练、拓展训练、疏散逃生、游泳逃生、现场急救与心肺复苏、安全防护用具使用、高空安全降落、起重搬运等。

（2）专业技能：现场处置方案编制、特种车辆驾驶、水面人员救援、器材运输、救援营地（帐篷、后勤保障设施）搭建、大面积停电应急处置、电气火灾应急处置等。

（3）应急装备操作技能：现场低压照明网搭建、应急通信车和海事卫星通信的单兵操作技能、冲锋舟和橡皮艇操作技能、危险化学品或高温等环境特种防护装备使用等。

## 5.5　应急培训科目设置

### 5.5.1　应急基础知识培训

各单位应加大应急培训和科普宣教力度，针对所属应急救援基干分队、应急抢修队伍、应急专家队伍人员，定期开展不同层面的应急理论和技能培训，结合实际经常向全体员工宣传应急知识，提高员工应急意识和预防、避险、自救、互救能力。根据国家电网有限公司、中国南方电网有限责任公司应急培训科目要求，应急培训科目设置一般包括应急理论知识、一般急救知识、外伤急救基本技术、常见急症的急救处理等。

应急培训科目设置如表 5-2 所示。

表 5-2　应急培训科目设置

| 类别 | 培训科目 |
|---|---|
| 应急理论知识 | 应急法律法规 |
| | 应急管理规章制度 |
| | 应急预案的编制 |
| | 供电企业危险因素、危险源辨识 |
| | 灾难体验及紧急避险常识 |
| | 灾难心理学 |
| 一般急救知识 | 正确拨打"120"急救电话 |
| | 触电急救常识 |
| 外伤急救基本技术 | 外伤止血术、外伤包扎术、固定术、搬运术 |
| 常见急症的急救处理 | 高热的处理与预防 |
| | 热射病的辨识与处理 |
| | 呼吸困难处理与预防 |

**1. 应急理论知识**

应急理论知识培训包括应急法律法规，应急管理规章制度，应急预案的编制，供电企业危险因素、危险源辨识，灾难体验及紧急避险常识、灾难心理学等内容，同时应及时更新。

（1）应急法律法规是指用以规范国家应急处置行为的法律规范体系，包括但不限于《中华人民共和国安全生产法》《中华人民共和国突发事件应对法》《突发公共卫生事件应急条例》《危险化学品安全管理条例》《中华人民共和国传染病防治法》等。

（2）应急管理规章制度是指国家、电力行业、重点企业应急有关规章制度，包括但不限于《国家突发公共事件总体应急预案》《国务院关于全面加强应急管理工作的意见》《生产经营单位安全生产事故应急预案编制导则》《国家电网有限公司应急管理工作规定》《国家电网有限公司大面积停电事件应急预案》，以及《电力企业应急预案管理办法》（国能安全〔2014〕508号）、《电力企业应急预案评审与备案实施细则》（国能综安全〔2014〕953号）等。

（3）应急预案的编制培训包括各相关岗位人员的应急职责、突发事件应急响应级别标准、应急预警及信息报告与发布、预警控制启动程序与实施、应急响应程序与实施、应急处置原则、应急抢险救援原则等。根据《中华人民共和国安全生产法》的相关要求，应急预案的编制应当遵循三大原则。第一，企业自救原则。根据生产经营单位要"组织制定并实施本单位的生产事故应急救援预案"的规定，各个企业应根据自己的实际情况和特点，制定切实有效的应急预案，并定期演练。第二，部门和行业互救原则。救援能力互相补充，技术力量相互支持，变分散力量为集中力量。第三，社会联动原则。遇到突发事件，社会有关方面要全部启动，政府全面指挥，公安、交通、卫生、电力等部门各司其职、联合行动，必要时动用武警部队有效地控制事故。

（4）影响供电企业安全的危险因素主要分为两类：一类是自然因素，如雷电、大风、覆冰、污秽闪络等；另一类是电气设备本身和运行中不安全因素导致的危险、危害，主要有触电、火灾、爆炸、断电等。通过对供电企业危险因素、危险源的辨识，认真做好危险识别、风险评价和风险控制，有针对性地采取风险防控措施，减少或消除存在的风险，对于防止各类事故发生，保障广大人民群众人身、财产安全都能起到积极的作用。

（5）灾难体验及紧急避险是面向广大群众，普及现场的、初级的、易于掌握的紧急避险知识和技能。通过灾难体验及紧急避险常识的培训，使群众掌握紧急避险知识和技能，培养个人的紧急避险意识，提高紧急避险应急救援能力。一旦在紧急事件发生的时候能够正确地开展避险自救行为，积极配合政府开展应急预案的实施，将人民群众生命和财产损失降到最低。

（6）灾难心理学。

① 灾难心理学的含义与意义。灾难心理学就是研究灾难中与灾难后人们的心理与行为的特点及规律，并如何将这些知识应用于灾难心理救助的一门学科。灾难不仅是自然现象，而且还是社会现象，它与人类的心理和行为有着不可分割的关系。一方面，灾难的发生给人们的身心造成不同程度的影响；另一方面，人们的心理及行为又将影响甚至在某种程度上控制灾难发生的概率和破坏程度。

② 灾难对人的心理影响。灾难除带来生命安全、财产损失，家庭和社会发生变迁的损失外，更会给人的心理健康带来重大影响，甚至产生一系列的灾难心理问题。灾

难心理是指灾难对人的心理上产生一系列影响带来的心理反应。当个体面对灾难发生时会产生一系列身心反应，生理上会出现肠胃不适、腹泻、食欲下降、头痛、疲乏、失眠、做噩梦、容易惊吓、感觉呼吸困难或窒息、肌肉紧张等症状；情绪方面常出现害怕、焦虑、恐惧、怀疑、不信任、沮丧、忧郁、悲伤、易怒、绝望、麻木、过分敏感或警觉等；在认知方面常出现注意力不集中、缺乏自信、无法做决定、健忘、效能降低等；在行为方面，会出现行为退化、社交退缩、逃避与疏离、不敢出门、不易信任他人等。

③ 心理危机干预术。心理危机干预术主要应用三类技术：沟通技术、心理支持技术、干预技术。要想正确应用心理危机干预术，首先要建立良好的沟通和合作关系。如果不能与危机当事人建立良好的沟通和合作关系，干预术就难以执行和贯彻，就不能起到干预的最佳效果。因此建立和保持医患双方的良好沟通和互相信任，有利于当事人恢复自信和减少对生活的绝望感，保持心理稳定和有条不紊的生活，以及改善人际关系。另外，应给予求助者以心理支持，而不是支持当事人的认知错误或者行为，这类技术的应用旨在尽可能地解决目前的心理危机，使当事人的情绪得以稳定，可以应用暗示、保证、疏泄、环境改变、镇定药物等方法，如果有必要，可考虑短期的住院治疗。心理危机干预术以改变求助者的认知为前提，一般可采取会谈、疏泄被压抑情绪、心理疏导、行为调整、认知调整、放松训练等方法，帮助求助者建立自信心和改善人际关系，同时鼓励他们积极面对现实和注意社会支持系统的作用。

2. 一般急救知识

（1）正确拨打"120"急救电话的流程

① 保持沉着冷静，简要明确表述患者情况和发生时间，如晕倒、心脏病发作、呼吸困难、创伤等；特殊情况下发生群体伤病，如煤气泄漏、火灾、交通事故、食物中毒等，尽量提供受伤人数和事故原因。

② 说清具体地点。准确说明患者所处具体位置（如：交叉路口、街道、社区等），说清楚附近的明显建筑物。

③ 配合调度员问询，提供患者具体情况，如患者的年龄、性别、人群特点、既往病史等。

④ 为确保准确掌握患者信息，请呼叫者配合询问，得到"120"调度员提示后方可挂断电话。

⑤ 保持联系畅通，留好联系人姓名及联系电话。拨打"120"时务必确定好现场联系人电话，以便"120"出诊急救人员联络现场和指导自救。

⑥ 提前接应救护车。在情况允许下，患者家属在指定小区门口或其他明显地理标志的位置接应救护车，以便急救人员尽快抵达患者身边救治。

（2）触电急救常识

触电急救应分秒必争，一经明确心跳、呼吸停止的，立即就地迅速用心肺复苏法进行抢救，并坚持不断地进行，同时及早与医疗急救中心（医疗部门）联系，争取医务人员接替救治。在医务人员未接替救治前，不应放弃现场抢救，更不能只根据没有呼吸或脉搏的表现，擅自判定伤员死亡，放弃抢救。

触电急救，首先要使触电者迅速脱离电源。因为电流作用的时间越长，伤害越重。脱离电源，就是要把触电者接触的那一部分带电设备的所有断路器、隔离开关（刀闸）或其他断路设备断开，或设法将触电者与带电设备脱离开。在脱离电源过程中，救护人员也要注意保护自身的安全。

低压触电可采用下列方法使触电者脱离电源：

① 如果触电地点附近有电源开关或电源插座，可立即拉开开关或拔出插头，断开电源。

② 如果触电地点附近没有电源开关或电源插座，可用有绝缘柄的电工钳或有干燥木柄的斧头切断电线，断开电源。

③ 当电线搭落在触电者身上或压在身下时，可用干燥的衣服、手套、绳索、皮带、木板、木棒等绝缘物作为工具，拉开触电者或挑开电线，使触电者脱离电源。

④ 若触电发生在低压带电的架空线路上或配电台架、进户线上，对可立即切断电源的，则应迅速断开电源，救护者迅速登杆或登至可靠地方，并做好自身防触电、防坠落安全措施，用带有绝缘胶柄的钢丝钳、绝缘物体或干燥不导电物体等工具将触电者脱离电源。

高压触电可采用下列方法使触电者脱离电源：

① 立即通知有关供电单位或用户停电。

② 戴上绝缘手套，穿上绝缘靴，用相应电压等级的绝缘工具按顺序拉开电源开关或熔断器。

③ 抛掷裸金属线使线路短路接地，迫使保护装置动作，断开电源。

脱离电源后救护者应注意的事项：

① 救护人不可直接用手、其他金属及潮湿的物体作为救护工具，而应使用适当的绝缘工具。救护人最好用一只手操作，以防自己触电。

② 防止触电者脱离电源后可能的摔伤，特别是对于触电者在高处的情况，应考虑防止坠落的措施。

③ 救护者在救护过程中特别是在杆上或高处抢救伤者时，要注意自身和被救者与附近带电体之间的安全距离，防止再次触及带电设备。

④ 如事故发生在夜间，则应设置临时照明灯，以便于抢救，避免发生意外事故，但不能因此延误切除电源和进行急救的时间。

3. 外伤急救基本技术

外伤急救的基本技术包括外伤止血术、外伤包扎术、固定术、搬运术。如果出现人员遭受外伤的情况，在医院外现场急救时，运用止血、包扎、固定、搬运等基本操作技能（见图 5-2），可以做到比较系统地处理伤口、搬运转移伤者，以减轻伤者的疼痛，为伤者的院内治疗奠定良好的基础。

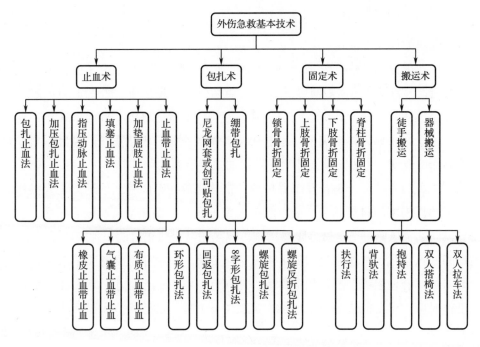

图 5-2　外伤急救基本技术结构图

（1）止血

现场急救止血的方法主要有包扎止血法、加压包扎止血法、指压动脉止血法、填塞止血法、加垫屈肢止血法和止血带止血法等。

（2）包扎

现场包扎是开放性创伤处理中较简单但行之有效的保护措施。及时正确的创面包扎可以达到保护伤口、减少感染、压迫止血、减轻疼痛，以及固定敷料和夹板等目的，有利于转运和进一步治疗。现场包扎方法主要有尼龙网套或创可贴包扎、绷带包扎等。

（3）固定

骨折现场固定是创伤现场急救的一项基本任务。骨折现场固定的目的是减少骨折端的活动，减轻患者疼痛，避免骨折端在搬运过程中对周围组织、血管、神经进一步造成损伤；减少出血和肿胀，防止闭合性骨折转化为开放性骨折，便于搬运、转送。正确良好的固定能迅速减轻伤者疼痛，减少出血，防止损伤脊髓、血管、神经和内脏等重要组织，也是伤者搬运的基础，有利于转运后的进一步治疗。

（4）搬运

搬运护送的目的是使伤者脱离危险区，实施现场救护，尽快使伤者获得专业医疗；防止损伤加重，最大限度地挽救生命，减轻伤残。搬运体位包括仰卧位、侧卧位、半卧位、俯卧位、坐位。搬运方法包括扶行法、背驮法、抱持法、双人搭椅法、双人拉车法等徒手搬运,以及用担架(包括软担架、移动床、轮式担架等)或者因陋就简利用床单、被褥、竹木椅等作为工具的器械搬运。

### 4. 常见急症的急救处理

#### (1)高热的处理与预防

高温作业可分为三种类型:第一种,高温、强辐射型作业,如冶金工业的炼焦、炼铁、铸造、锻造,火力发电的锅炉间等;第二种,高温、高湿型作业,如造纸、印染等行业;第三种,夏季露天作业,如南方夏季筑路、架桥作业等。高温作业时人体可出现一系列生理性改变,主要为体温调节、水盐代谢、循环系统、消化系统、神经系统、泌尿系统等方面的改变。中暑是高温环境下发生的急性疾病。

预防中暑的方法:一是合理布置热源。把热源放在车间外面或远离工人操作的地点,采用热压为主的自然通风,应布置在天窗下面;采用穿堂风通风的厂房,应布置在主导风向的下风侧。二是做好隔热措施。隔热是减少热辐射的一种简便而有效方法。三是加强通风换气,加速空气对流,降低环境温度,以利于机体热量的散发。四是加强个人防护,合理组织生产,如穿白色、透气性好、导热系数小的帆布工作服,同时调整工作时间,尽可能避开中午酷热,延长午休时间,加强个人保健,供给足够的含盐清凉饮料。

中暑急救措施包括:一是先将病人迅速脱离高热环境,移至通风良好、阴凉的地方。二是让病人平卧,解开衣扣,用冷水毛巾敷其头部,开电扇或空调。三是意识清醒的病人或经过降温清醒的病人可饮服绿豆汤、淡盐水,或服用人丹、藿香正气水(胶囊)等解暑。四是一旦出现高烧、昏迷抽搐等症状应让病人侧卧,头向后仰,保持呼吸道通畅,同时立即拨打"120"电话,求助医务人员给予紧急救治。

#### (2)热射病的辨识与处理

热射病是指因高温引起的人体体温调节功能失调,体内热量过度积蓄,从而引发神经器官受损。热射病在中暑的分级中就是重症中暑,是一种致命性疾病,病死率高。该病通常发生在夏季高温同时伴有高湿的天气。

① 辨识:根据易患人群在高温环境下,较长时间剧烈运动或劳动后出现相应的临床表现(体温升高、晕厥或神志改变等)并排除其他疾病方可诊断。需与食物中毒、化学中毒、药物中毒相鉴别。

② 处理:应迅速将患者转移到阴凉通风处休息,饮用凉盐水等饮料以补充盐和水分的丧失。有周围循环衰竭者应静脉补给生理盐水、葡萄糖溶液和氯化钾。热射病患者预后严重,死亡率高,幸存者可能留下永久性脑损伤,故需积极抢救。

a. 体外降温:旨在迅速降低深部体温。脱去患者衣服,吹送凉风并喷以凉水或以凉湿床单包裹全身。

　　b. 体内降温：体外降温无效者，用冰盐水进行胃或直肠灌洗，也可用无菌生理盐水进行腹膜腔灌洗或血液透析，或将自体血液体外冷却后回输体内降温。

　　c. 药物降温：氯丙嗪有调节体温中枢的功能，具有扩张血管、松弛肌肉和降低氧耗的作用。患者出现寒战时可应用氯丙嗪静脉输注，同时监测血压。

　　d. 对症治疗：昏迷患者容易发生肺部感染和褥疮，须加强护理；提供必需的热量和营养物质以促使患者恢复，保持呼吸道畅通，给予吸氧；积极纠正水、电解质紊乱，维持酸碱平衡；补液速度不宜过快，以免促发心力衰竭；应用升压药纠正休克；甘露醇脱水防治脑水肿。

　　（3）呼吸困难处理与预防

　　出现呼吸困难的急救方法主要分为以下几个方面：第一，一旦出现呼吸困难，应立即让患者就地平卧，托起他的下颌让头上仰，这样可以打开气道，如气道有分泌物、口腔有呕吐物或异物应及时清除。第二，注意周围环境的安全，避免在急救时引起次生损伤，尽量使患者保持安静，避免情绪紧张导致气道痉挛，以防加重呼吸困难。第三，如果病人呼吸困难，同时有粉红色泡沫样痰，可能是由急性心衰引起，应让他半卧位或坐位，这样可以减少肺部充血，也可以增加腹式呼吸。第四，如果出现呼吸心搏骤停，则应立即进行人工呼吸和心脏按压，同时呼唤身边的人拨打"120"急救电话。

## 5.5.2　应急专业人员技能培训

　　应急专业人员主要包括应急救援基干分队、应急抢修队伍等。应急专业人员除要掌握通用应急知识外，还需要掌握特殊专业技能。根据《国家电网公司应急救援基干分队管理意见》的相关要求，基干分队成员须通过强化培训，熟练掌握应急供电、应急通信、消防、灾害灾难救援、卫生急救、营地搭建、现场测绘、高处作业、野外生存等专业技能，熟练掌握所配车辆、舟艇、机具、绳索等的使用。基干分队要结合所处地域自然环境、社会环境、产业结构等实际，研究掌握其他应急技能。

　　技能培训应充分利用应急培训基地资源进行。初次技能培训每人每年不少于 50 个工作日，以后每年轮训应不少于 20 个工作日。培训科目可选择但不限于表 5-3 中的类别和科目。基干分队人员科目培训合格由培训单位颁发证书，无合格证书者不能参加应急救援行动。

　　下面以心肺复苏和除颤仪的使用、大面积停电应急处置流程、电气火灾应急处置流程为例进行说明。

### 1. 心肺复苏的正确操作流程与 AED 除颤仪的使用方法

　　心肺复苏（CPR）是指救援人员在现场为心脏骤停患者实施胸外心脏按压及人工呼吸的技术。具体操作流程如下。

表 5-3　应急基干分队基本培训科目

| 类　别 | 培训科目 |
|---|---|
| 基本技能 | 体能训练 |
|  | 心理训练 |
|  | 拓展训练 |
|  | 疏散逃生 |
|  | 游泳逃生 |
|  | 现场急救与心肺复苏 |
|  | 安全防护用具使用 |
|  | 高空安全降落 |
|  | 起重搬运 |
| 专业技能 | 现场处置方案编制 |
|  | 特种车辆驾驶 |
|  | 山地器材运输 |
|  | 水面人员救援、器材运输 |
|  | 救援营地（帐篷、后勤保障设施）搭建 |
|  | 大面积停电应急处置流程 |
|  | 电气火灾应急处置流程 |
| 应急装备操作技能 | 现场低压照明网搭建 |
|  | 应急通信车、海事卫星通信的单兵操作技能 |
|  | 冲锋舟、橡皮艇操作技能 |
|  | 危险化学品、高温等环境特种防护装备使用 |

（1）判断意识：双手轻拍患者双肩，在其双耳大声询问，确定患者意识，注意轻拍高喊。如果没有任何反应，应立即用手指甲掐压人中穴、合谷穴约 5s。判断意识的时间应在 10s 以内完成，患者如出现眼球活动、四肢活动及疼痛感后，应立即停止掐压穴位。

（2）检查呼吸：观察患者胸部起伏 5 ～ 10s，检查有无呼吸。

（3）打开气道：当患者在遭受意外伤害时，可能造成呼吸道完全或者部分堵塞，造成窒息。咽腔和气管可能被大块食物、假牙、血块、泥土、呕吐物等异物堵塞，也可能被痰液堵塞，或者昏迷后舌后坠堵塞，应根据现场实际情况，选择不同方法进行通气，尽快恢复或保持呼吸道的畅通。

（4）人工呼吸：一般采用口对口和口对鼻呼吸法，即捏住患者的鼻子向患者的口腔内吹气或者合拢患者的口唇向患者的鼻孔内吹气。一般首选口对口人工呼吸，当无法做口对口人工呼吸时，就做口对鼻人工呼吸。紧捏患者的鼻子，包严口周，缓慢平静地吹气，时间约 1 分钟，胸部有起伏即可。

（5）胸外心脏按压：将患者平放，仰卧在坚硬的平面上，按压部位位于患者胸骨下二分之一段，一手掌根定位胸骨中线与两乳头连线的交汇点，双手掌根重叠，十指相扣翘起，两肘伸直，垂直向下用力按压。30 次胸外按压加 2 次人工呼吸连续五组后，检查患者意识、呼吸有无恢复。

注意不同年龄的患者按压要求不同：

① 按压的速率。成人、儿童、婴幼儿均为 100 ～ 120 次 /min，放松时间与按压时间相等。

② 按压的深度。成人和青少年按压深度为 5 ～ 6cm；1 岁至青春期儿童按压深度约为 5cm；不足 1 岁婴幼儿（新生儿除外）按压深度约为 4cm。

③ 按压次数与人工呼吸次数的比例。成人及婴幼儿均为 30 : 2。

（6）如有 AED 自动体外心脏除颤仪，可以按照正确的方法使用除颤仪抢救患者。注意事项有：AED 瞬间可以达到 200J 的能量，在给病人施救过程中，请在按下通电按钮后立刻远离患者，并告诫身边任何人不得接触或靠近患者。如果患者在水中，则不能使用 AED；患者胸部如有汗水需要快速擦干胸部，因为水会降低 AED 功效。除颤结束后，AED 会再次分析心律，如未恢复有效灌注心律，操作者应进行 5 个周期 CPR，然后再次分析心律、除颤、CPR，反复至急救人员到来。

心肺复苏操作流程如图 5-3 所示。

图 5-3　心肺复苏操作流程

**2. 大面积停电应急处置流程**

在发生大面积停电事件后，供电企业应当坚持在当地政府领导下，有序处置电网大面积停电事件，成立相应应急指挥机构，开展应急救援工作，主要负责电力应急救援与抢险、恢复电力供应等各项应急处置工作。同时在日常工作中，供电企业应当做好灾害预防与应急准备工作，尤其在重要节假日、重大保电活动、迎峰度夏或迎峰度冬等重要时期，做好灾害的监测与预警。

（1）预防与应急准备

① 风险防范与预防。供电企业在电网规划、设计、建设和运行过程中，应充分考虑自然灾害等各类突发事件影响，持续改善布局结构，使之满足防灾抗灾要求，符合国家预防和处置自然灾害等突发事件的需要。应建立健全突发事件风险评估、隐患排查治理常态机制，掌握各类风险隐患情况，落实防范和处置措施，减少突发事件发生，减轻或消除突发事件影响。

② 建立协调联动机制。各级供电企业之间应建立应急救援协调联动和资源共享机制，还应研究建立与相关非公司所属企业、社会团体间的协作支持机制，协同开展突

发事件处置工作。应与当地气象、水利、地震、地质、交通、消防、公安等政府专业部门建立信息沟通机制，共享信息，提高预警和处置的科学性，并与地方政府、社会机构、电力用户建立应急沟通与协调机制。

③ 开展应急能力评估。供电企业应定期开展应急能力评估活动，应急能力评估宜由本单位以外专业评估机构或专业人员按照既定评估标准，运用核实、考问、推演、分析等方法，客观、科学地评估应急能力的状况、存在的问题，指导本单位有针对性地开展应急体系建设。

④ 加强应急教育培训。供电企业应加大应急培训和科普宣教力度，针对所属应急救援基干分队人员、应急抢修队伍人员、应急专家队伍人员，定期开展不同层面的应急理论和技能培训；结合实际经常向全体员工宣传应急知识，提高员工应急意识和预防、避险、自救、互救能力。

⑤ 提升应急演练水平。供电企业应按应急预案要求定期组织开展应急演练，每两年至少组织一次大型综合应急演练，演练可采用桌面（沙盘）推演、验证性演练、实战演练等多种形式。相关单位应组织专家对演练进行评估，分析存在的问题，提出改进意见。涉及政府部门、其他企事业单位的演练，其评估应有外部人员参加。

⑥ 开展重大舆情预警研判。不断完善舆情监测与危机处置联动机制，加强信息披露、新闻报道的组织协调，深化与主流媒体合作，营造良好舆论环境。

（2）监测与预警

供电企业应及时汇总分析突发事件风险，对发生突发事件的可能性及突发事件可能造成的影响进行分析、评估，并不断完善突发事件监测网络功能，依托各级行政、生产、调度值班和应急管理组织机构，及时获取和快速报送相关信息。

① 完善应急值班制度。按照部门职责分工，成立重要活动、重要会议、重大稳定事件、重大安全事件处理、重要信息报告、重大新闻宣传、办公场所服务保障和网络与信息安全处理等应急值班小组，负责重要节假日或重要时期24小时值班，确保通信联络畅通，收集整理、分析研判、报送反馈和及时处置重大事项相关信息。

② 及时上报相关信息。突发事件发生后，事发单位应及时向上一级单位行政值班机构和专业部门报告，情况紧急时可越级上报。根据突发事件影响程度，依据相关要求报告当地政府有关部门。信息报告时限执行政府主管部门及公司相关规定。突发事件信息报告包括即时报告、后续报告，报告方式有电子邮件、传真、电话、短信等（短信方式须收到对方回复确认）。事发单位、应急救援单位和各相关单位均应明确专人负责应急处置现场的信息报告工作。

③ 建立健全突发事件预警制度。依据突发事件的紧急程度、发展态势和可能造成的危害，及时发布预警信息。预警分为一、二、三、四级，分别用红色、橙色、黄色和蓝色标识，一级为最高级别。各类突发事件预警级别的划分，由相关职能部门在专项应急预案中确定。通过预测分析，若发生突发事件概率较高，有关职能部门应当及

时报告应急办，并提出预警建议，经应急领导小组批准后由应急办通过传真、办公自动化系统或应急信息和指挥系统发布。

接到预警信息后，相关单位应当按照应急预案要求，采取有效措施做好防御工作，监测事件发展态势，避免、减轻或消除突发事件可能造成的损害。必要时启动应急指挥中心。根据事态的发展，相关单位应适时调整预警级别并重新发布。有事实证明突发事件不可能发生或者危险已经解除，应立即发布预警解除信息，终止已采取的有关措施。

（3）应急处置与救援

发生突发事件后，事发单位首先要做好先期处置，营救受伤被困人员，恢复电网运行稳定，采取必要措施防止危害扩大，并根据相关规定，及时向上级和所在地人民政府及有关部门报告。对因本单位问题引发的或主体是本单位人员的社会安全事件，要迅速派出负责人赶赴现场开展劝解、疏导工作。

根据突发事件性质、级别，按照"分级响应"要求，分别启动相应级别应急响应措施，组织开展突发事件应急处置与救援。结合实际情况，应急响应措施一般分为两级。发生重大及以上突发事件，应急领导小组直接领导，或研究成立临时机构、授权相关分部领导处置工作，事发单位负责事件处置；较大及以下突发事件，由事发单位负责事件处置，总部事件处置牵头负责部门跟踪事态发展，做好相关协调工作。

事发单位不能消除或有效控制突发事件引起的严重危害，应在采取处置措施的同时，启动应急救援协调联动机制，及时报告上级单位协调支援，根据需要，请求国家和地方政府启动社会应急机制，组织开展应急救援与处置工作。供电企业应切实履行社会责任，服从政府统一指挥，积极参加国家各类突发事件应急救援，提供抢险和应急救援所需电力支持，优先为政府抢险救援及指挥、灾民安置、医疗救助等重要场所提供电力保障。

事发单位要积极开展突发事件舆情分析和引导工作，按照有关要求，及时披露突发事件事态发展、应急处置和救援工作的信息。根据事态发展变化，应调整突发事件响应级别。突发事件得到有效控制，危害消除后，解除应急指令，宣布结束应急状态。

（4）事后恢复与重建

突发事件应急处置工作结束后，供电企业要积极组织受损设施、场所和生产经营秩序的恢复重建工作。对于重点部位和特殊区域，要认真分析研究，提出解决建议和意见，按有关规定报批实施。

要对突发事件的起因、性质、影响、经验教训和恢复重建等问题进行调查评估；同时，要及时收集各类数据，开展事件处置过程的分析和评估，提出防范和改进措施。恢复重建要与电网防灾减灾、技术改造相结合，坚持统一领导、科学规划，按照相关规定组织实施，持续提升防灾抗灾能力。事后恢复与重建工作结束后，事发单位应当及时做好设备、资金的划拨和结算工作。

### 3. 电气火灾应急处置流程

电气火灾一般是指由于配电线路、用电设备、器具以及供配电设备出现故障，释放大量热量，产生电弧或者电火花，引燃本体或者周边可燃物而造成的火灾，同时也包括由于雷电或者静电引起的火灾，一般多发生在夏、冬两季。电气火灾轻则可能会导致人员的轻度烧伤，若处理不当，火灾蔓延，还可能导致严重烧伤和触电，所以尽量要将电气火灾扑灭在初期阶段。当发生电气火灾时，应进行以下操作。

（1）切断电源：当发生电气火灾时，首先立即切断电源，切勿用手触碰着火的电器开关或插座，以免发生触电。

（2）使用灭火器：选用不导电的二氧化碳或者干粉灭火器进行灭火。切记不可以用水或者泡沫灭火器进行扑救。

（3）使用灭火毯：若没有灭火器，也可以使用灭火毯（注意要使用专业消防灭火毯，不可用普通毛毯代替）或者浸湿厚重的棉被覆盖在电器上，并保持必要的安全距离，覆盖时需注意加强个人防护，避免烫伤。（注意：此操作一定要在断开电源的情况下进行，防止触电。）

## 5.6 应急培训基地的建设

近年来，由于突发事件时有发生，供电企业应急工作的重要性越来越被社会各界所关注。尽快完善应急体系、迅速提高突发事件处置救援能力成为供电企业的迫切需求。而应急培训基地的建设，是提高应急队伍素质和能力、有效开展救援工作的重要保障，是供电企业应急救援体系的重要组成部分，承担着供电企业应急救援人才、技术、装备储备和救援人员培训与演习训练的职能。应急培训基地应依托供电企业现有的学校、培训中心等进行建设，本着预防为主的原则，定期对单位开展安全检查、应急知识培训，指导应急救援预案编制、演练，组织编制有针对性的教材。

### 5.6.1 应急培训基地的功能

供电企业应按照"四位一体"的目标要求，把应急培训基地建设成为应急管理培训基地、研究基地、决策咨询基地和宣传教育基地。

（1）应急管理培训基地。应急管理培训基地的主要任务是对供电企业领导干部、应急管理干部、新闻发言人、基层干部和应急管理师资进行系统的、专业的培训。

（2）应急管理研究基地。应急管理研究应该成为应急培训基地的重要任务之一。

这种研究的范畴应该包括所有与应急管理有关的问题，但重点应该在应急管理理论、应急管理技术与方法、培训基地建设以及应急管理教学等方面。

（3）应急管理决策咨询基地。一方面，应急培训基地的专家可以在突发公共事件中发挥信息研判、决策咨询、专业救援、事件评估等方面的作用；另一方面，可以通过提交咨询报告、政策建议等方式为政府的应急管理提供决策咨询。

（4）应急管理宣传教育基地。基地应与各相关部门配合，深入开展应急管理宣教培训活动，普及预防、避险、自救、互救等防护知识，增强公众应急意识，提高干部队伍素质和各级组织、各基层单位应对突发事件的能力，保障公众身体健康和用电安全，维护社会稳定。

应急培训基地的主要任务如下。

（1）培训应急管理人员、应急专家、应急救援人员，承办专题研讨班，开展多种形式的委托培训和合作培训。

（2）开展应急管理体制、科学应急、社会管理、公共服务等方面的理论和实践问题研究。

（3）开展决策咨询工作，主要为供电企业提供应急管理决策咨询。

（4）开展与有关机构的合作和交流。

### 5.6.2　应急培训基地的建设内容

（1）设立专家咨询委员会、师资培训专家库。专家咨询委员会对应急管理培训的最新发展动态、培训模式、培训内容、科研课题、培训课程和教材选定等开展咨询，提供培训策略论证。专家咨询委员会由基地的专家和基地外的专家、骨干教师组成。建立师资培训专家库，集中专家参与师资培训，确保培训质量。

（2）建立应急管理案例中心。案例应由任课教师提出需求，并提供给案例中心，列入案例编制议程；案例中心组织相关人员到省内外进行调研，案件必须是真实发生的事件；在调研的基础上，组织相关人员对案例进行加工、整理，形成规范的培训案例。

（3）搭建培训实践平台。积极增进供电企业与政府及其他单位的联系，通过与政府有关部门共商培训计划，共享教学资源，共担教学任务，联合建立培训教学点，加强合作，确保培训质量，真正做到优势互补。

（4）建立现代培训技术场地与平台。借鉴现代教育培训理论与方法，通过建立模拟应急指挥系统、突发事件应急演练系统、新闻演播厅等专业技术平台，综合运用案例教学、情景模拟、交流研讨、应急演练、对策研究等方式，提高学员学习的自主性、参与性，提高培训水平。

### 5.6.3 应急培训基地建设典型案例

目前，部分供电企业尚存在应急装备配置水平不高的问题，一方面缺少先进的应急装备和大型特种车辆，另一方面现有的应急通信、无人机等特殊应急装备运维水平有待加强。特别是人员的装备操作技能水平有待提升。通过建设综合应急基地实现应急装备的保障，一方面作为部分应急装备的储备场所，建立定期的维护保养机制；另一方面用作应急训练、演练时使用。为加强应急基地建设交流学习，本书选取设计科学、功能完备的中国南方电网有限责任公司综合应急基地建设经验供读者参考。

中国南方电网有限责任公司打造了集应急专业人员训练、应急装备物资保障、应急演练、应急管理体系研究、应急技术研发等多种功能于一体的综合应急基地，建成了设施先进、功能完善、队伍精干、机制健全、运作高效的一流的应急训练基地，成为应急体系的展示窗口。

综合应急基地俯瞰图如图 5-4 所示。

图 5-4　综合应急基地俯瞰图

#### 1. 功能定位

综合应急基地是中国南方电网有限责任公司应急技能实训、应急装备检修运维和应急演练的综合平台和专业场所。该基地具备八个基本功能定位：直属应急抢修队伍操练基地；应急装备检修基地；应急装备操作技能实训基地；输电、变电、配电设备应急抢修技能实训基地；新闻舆情应急及反恐实训基地；各级管理人员应急指挥技能实训基地；灾害仿真应急演练基地；防灾应急技术研发试验基地。

#### 2. 培训课程体系

基地构建了以理论知识为基础，以企业应急管理、应急现场处置、专业技能训练为重点的一体化培训课程体系。制定应急管理、应急技术、抢修及救援技能三大类实训科目大纲，规划培训课件，形成集理论、实操、虚拟仿真于一体的综合应急课程体系。

（1）应急管理概论：主要包括突发事件应急管理理论知识；我国突发事件应急管理体系"一案三制"（制定修订应急预案，建立健全应急的体制、机制和法制）；企业防范与应对突发事件的机制建设。

（2）企业应急管理：主要包括突发事件分级；应急管理机制在企业中的案例实践；企业应急管理体系建设。

（3）应急预案：主要包括电网、人身、设备与设施、网络与信息、社会安全类应急预案编制与演练。

（4）应急指挥与应急预案推演：主要包括突发事件现场应急指挥以及应急预案互动式推演。

（5）应急法律法规：我国突发事件应急法律体系发展的基本脉络，《中华人民共和国突发事件应对法》及相关法律法规解读。

（6）4D 灾难体验：灾难体验、应急现场体验。

（7）危机公关与媒体应对：媒体时代的企业生存与危机；公关战略系统构建；危机中的媒体与公关策略；供电企业危机公关案例分析。

（8）应急现场处置：根据应急预案和现场实际编制现场处置方案，应急评估，应急风险评估与处置，主要采用案例教学法。

（9）灾难心理学：应激反应及应激障碍；心理危机干预典型案例分析；利益相关者的心理危机干预方法。

（10）专业技能训练：设备应急抢修、救援营地搭建、应急通信网建立、现场低压照明网搭建、现场破拆、废墟搜救等技能。

（11）应急装备操作技能训练：应急驾驶技术训练，无人侦察直升机应用，现场消杀灭装备使用，救援装备使用，危险化学品、高温等环境特种防护装备使用等。

### 3. 培训对象及规划

电网应急工作具有综合性强的特点，通常需要多个专业的应急队伍参与并具有明确分工。结合应急基地的功能定位和实际工作经验，广东电网应急抢修中心将广东电网应急队伍分为五大类：应急指挥人员、专业应急管理人员、应急救援基干分队、应急抢修专业人员和一般人员。对于每一类应急队伍，抢修中心设定了明确的训练目标，并对课程内容进行了分类设计与规划。

（1）应急指挥人员

应急指挥人员的训练目标：掌握应急理论知识，提高突发事件分析和应急调度能力，加强应急预案编制和审定能力，全面提升应急指挥人员的应急调度指挥水平。

训练课程主要包括"应急法律法规""应急管理概论""供电企业应急管理""电力专项应急预案""应急指挥与应急预案推演""应急法律法规、危机公关与媒体应对"等。

训练形式包括参观、授课、推演、仿真训练。训练地点在综合实训楼。涉及的训练场所包括：应急预案推演室、应急技能仿真训练室、应急心理训练室、应急通信训练室、防灾应急技术研发室、现场指挥部组建训练室、灾难体验室、新闻舆情应急训练室等。

（2）专业应急管理人员

专业应急管理人员的训练目标：全面提高应急管理人员理论水平，加强应急管理人员应急综合预案和专项预案的操作能力，提升常态下的日常应急管理能力，以及突发事件监测预警和事后恢复总结等能力。

训练课程主要包括"应急管理概论""供电企业应急管理""应急现场处置""应急指挥与应急预案推演""应急法律体系""灾难心理学""危机公关与舆情监控"等。对于专业应急管理人员，目前计划每名队员训练周期为 7 天。

训练形式包括参观、授课、推演、仿真训练。训练地点在综合实训楼。涉及的训练场所包括：应急预案推演室、应急技能仿真训练室、应急心理训练室、防灾应急技术研发室、现场指挥部组建训练室、灾难体验室、新闻舆情应急训练室。

（3）应急救援基干分队

应急救援基干分队的训练目标：提升应急救援队伍理论水平，提高快速抵达现场、清障搜救、建立通信联系、应急车辆驾驶、应急装备使用、现场安全防护等方面的技能。

训练课程主要包括"应急管理概论""供电企业应急管理""灾难心理学""电力专项应急预案和现场应急处置方案编制""灾难体验""心理训练""现场紧急救护""救援营地搭建""应急通信网建立""特殊环境人员救援""救援装备使用""应急技能虚拟仿真训练"等。对于应急救援基干分队，目前计划每名队员训练周期为 10 天。

训练形式包括参观、授课、推演、仿真训练、户外实训（以救援训练项目为主）。训练地点在综合实训楼和户外实训场。涉及的训练场所包括：应急预案推演室、应急技能仿真训练室、应急心理训练室、应急通信训练室、防灾应急技术研发室、现场指挥部组建训练室、灾难体验室、单兵装备训练室、室内体能训练区、输变配应急抢修作业实训区、水上救援区。

（4）应急抢修专业人员

应急抢修专业人员的训练目标：提升应急抢修人员应急理论水平及抢修专业技能水平，加强体能训练和心理素质训练，提高复杂环境下应急现场抢修方案制定与实施技能，提升快速恢复供电（包括应急发电设备使用、应急照明和低压照明网搭建、恢复电网供电等方面）的能力。

训练课程主要包括"应急管理概论""电力应急体系""应急法律法规""电力事故抢修规程""电网应急抢修方案编制""灾难体验""心理训练""现场紧急救护""抢修

营地搭建""输变配设备抢修""故障巡查""应急通信、照明、发电装备操作"等。对于应急抢修专业人员，目前计划每名队员训练周期为 10 天。

训练形式包括参观、授课、推演、仿真训练、户外项目实训（以输、变、配三大实训区抢修项目为主）。训练地点在综合实训楼和户外实训场。涉及的训练场所包括：应急预案推演室、应急技能仿真训练室、应急心理训练室、应急通信训练室、防灾应急技术研发室、现场指挥部组建训练室、灾难体验室、单兵装备训练室、室内体能训练区、输变配应急抢修作业实训区。

（5）一般人员

一般人员的训练目标：提高应急意识，巩固应急处置基本技能，提升应急状态下的自救和互救技能。

训练课程主要包括"应急管理概论""突发事件应急常识""灾难心理学""应急逃生基本技能训练""现场紧急救护""灾难体验""危机公关与媒体应对"等。对于一般人员，目前计划每名队员训练周期为 5 天。

训练形式包括参观、授课、推演、仿真训练。训练地点在综合实训楼和户外实训场。涉及的训练场所包括：应急预案推演室、应急技能仿真训练室、应急心理训练室、应急通信训练室、防灾应急技术研发室、现场指挥部组建训练室、灾难体验室、室内体能训练区。

085

### 4. 培训资源设计

室内培训资源包括应急多功能演练指挥训练室、应急抢修及救援展示区、防灾应急技术研发室、紧急救护仿真训练室、灾难体验室、应急预案推演室、应急技能仿真训练室、应急心理训练室、新闻舆情应急训练室、训练教室等。室外实训设施包括变电应急抢修作业实训区、输电应急抢修作业实训区、配电应急抢修作业实训区、通信应急抢修作业实训区、水上救援训练区及体能训练区等。

（1）应急多功能演练指挥训练室

中国南方电网有限责任公司应急平台体系作为国家应急平台体系的重要组成部分，担负着对电力系统突发事件迅速反应和应急指挥的艰巨任务。

综合应急基地应急多功能演练指挥训练室，一方面可以承担广东电网公司各级应急管理人员应急指挥能力的集中训练、演练，另一方面也可以作为中国南方电网有限责任公司应急指挥中心的备用场所，提高了中国南方电网有限责任公司应急平台体系基础设施的完备性。

（2）应急抢修及救援展示区

应急抢修及救援展示区是应急基地对外展示的重要窗口。应急抢修及救援展示区通过多元化、形象化展示手段，对基地建设情况、公司应急工作成果、公司应急体系建设情况等内容进行展示介绍，有利于提高参观者对公司应急体系的认知程度，对宣传供电企业的良好形象和社会责任有着积极的意义。

应急抢修及救援展示区利用图板、沙盘、影像等展示手段，辅以灯光、特殊音效，用于展示危机管理理论、应急体系建设、应急装备设施、应急自救和互救技能、自然灾害、重大设备事故及应急处理案例。

（3）防灾应急技术研发室

防灾应急技术研发室主要用于对中国南方电网有限责任公司五省区范围内典型自然灾难建立研究专题，对各类灾难进行分析、建模、展示，研究其对电力系统造成的影响，提出科学的应急指挥、应急抢险、应急救援策略方法。其功能定位是集"教学、研究、展示"功能为一体的综合型、开放式教学研究室。

（4）紧急救护仿真训练室

紧急救护仿真训练室主要用于人员紧急救护的训练及操作示范，以应对特大自然灾害和重大突发安全事件的发生，进一步强化供电企业专业应急救援基干队员紧急救护能力，减少自然灾害和突发事件造成的人员伤亡和致残率。通过紧急救护仿真训练室，训练一支具备合格紧急救护技能的专业应急救援队伍。训练室内的训练包括心肺复苏、现场（创伤及骨折）包扎、伤员搬运等实训项目。心肺复苏实操训练如图 5-5 所示，外伤救助实操训练如图 5-6 所示。

图 5-5　心肺复苏实操训练

（5）灾难体验室

灾难体验室利用多媒体和虚拟现实等技术，再现台风、冰灾、地震、人为电网事故等灾害的相关场景，模拟相关灾害对现场应急指挥人员、应急抢修人员、应急救援人员的影响，以提升相关应急人员对灾害的心理承受能力、应急处置能力及救援行动技能。水上搜救实操训练如图 5-7 所示。

图 5-6　外伤救助实操训练

图 5-7　水上搜救实操训练

（6）应急预案推演室

应急预案推演室通过平台建设、仿真演示、体验式训练等模块，实现应急人员实地推演与实践。

① 依靠科技创新，充分利用仿真技术和先进的应急管理系统，开发建设技术先进、性能稳定、开放、高效的应急能力训练和演练平台，以弥补目前单纯按预先编制的脚本进行实战演练在灵活性、全面性和演练效果等方面的不足，使应急演练实现科学化、智能化、虚拟化。

② 建立一套规范和完整的三维现场仿真演示系统，实现电力应急现场指挥、处置的模拟仿真操作。一方面满足应急组织成员间的沟通需求，提高应急处置的协调能力

和效率；另一方面为大规模综合应急演练模拟出真实的演练场景。

③ 通过体验式训练与演练，掌握台风、地震、冰冻等灾害处置中如何快速响应、决策、处置与协调，实现看灾害现场、做救援决策的交互式推演与演练，以及累积式训练和演练效果评估，满足电力行业各层次应对突发性灾害事件的体验式应急管理实训、演练与教学需要。

（7）应急技能仿真训练室

应急技能仿真训练室可以实现应急相关人员在虚拟仿真系统所设定的应急情况下，进行应急所需技能的仿真体验与操作，完成应急指挥与处置过程，并结合实时评估系统对应急演练中的应急处置能力进行实时评估，形成评估结果，以提升应急人员面对突发事件时的科学决策和应急处置能力。

（8）应急心理训练室

应急心理训练室通过多维度（视觉、听觉、体感等多个维度）、数字化的手段，开展应急心理素质训练、应急基本技能训练。训练室将虚拟现实、地面互动、多通道融合等技术进行综合利用，让学员在虚拟的环境中体验多种生动、真实的应急场景，提高应急心理素质。

（9）新闻舆情应急训练室

新闻舆情应急训练室主要针对供电企业在应急工作中新闻媒体的应对、舆情问题的处理进行理论授课、实战演练。

（10）训练教室

① 现场指挥部组建训练室：针对不同专业应急人员在应急现场临时指挥部组建中的工作进行训练。

② 应急通信训练室：针对应急通信理论、装备、技能进行训练，包括集群通信网的搭建、卫星通信技能训练、无人机技能训练等内容。

③ 单兵装备训练室：针对单兵装备、技能进行训练。

④ 救援装备训练室：针对应急救援装备的使用进行训练。

## 5.7 应急培训效果评价

供电企业对应急培训效果评价，可通过以下两种方式进行。

（1）通过各种考核方式评价受训者的学习效果和学习成绩。供电企业可以组织有关专家、高级技术人员以及授课老师共同编制一份试卷，试卷的内容应包括基本的理论知识和事故案例两部分，不仅可以考察受训者的基础知识，同时也可以测试受训者的现场反应能力和解决问题的综合能力，从而达到检验受训者培训效果的目的。

（2）在培训结束后，通过考核受训者在演练中或实践中的表现来评价培训的效果。如可对受训者受训前后的工作能力有没有提高或提高多少，效率有没有提升或提升多少等进行评价。对于培训考核效果很差、完全达不到应急培训要求的人员，供电企业应当对其进行再次培训，直至考核合格。

# 第6章 应急演练

　　《生产安全事故应急预案管理办法》（应急管理部令第 2 号）中规定，生产经营单位应当制定本单位的应急预案演练计划，根据本单位的事故风险特点，每年至少组织一次综合应急预案演练或者专项应急预案演练，每半年至少组织一次现场处置方案演练。

　　应急演练是指各级人民政府及其部门、企事业单位、社会团体等（以下统称演练组织单位）组织相关单位及人员，依据有关应急预案，模拟应对突发事件的活动，是按应急预案中的程序开展的应急处理的模拟行为，是检验应对突发事件所需要的应急队伍、物资、装备、技术等方面的准备情况。一方面，通过培训演练提高团队成员的个人技能、岗位技能和执行任务的技能，如决策、沟通、共享意识、领导能力、协作，从而提高团队效能，提高应对突发事件风险意识；另一方面，通过演练可以进一步修改、完善应急预案的内容，增强其有效性和可操作性。

## 6.1 应急演练基本知识

### 6.1.1 应急演练概述

#### 1. 应急演练目的

　　供电企业开展应急演练，目的是验证应急预案的适用性，找出应急预案存在的问题，完善应急准备，建立和保持可靠的信息渠道及应急人员的协同性，确保所有应急组织熟悉并能够正确履行其职责。应急演练目的可以概括为以下几点。

（1）检验预案。检验突发事件应急预案，提高应急预案针对性、实效性和操作性。通过应急演练，可以发现应急预案中存在的问题，在突发事件发生前暴露预案的缺点，验证预案在应对可能出现的各种意外情况方面所具备的适应性，找出预案需要进一步完善和修正的地方。

（2）磨合机制。完善突发事件应急机制，强化政府、供电企业、电力用户相互之间的协调配合。

（3）完善准备。通过开展应急演练，检查突发事件所需应急队伍、物资、装备、技术等方面的准备情况，发现不足及时予以调整补充，做好应急准备工作。

（4）锻炼队伍。锻炼电力应急队伍，增强演练组织单位、参演单位和人员等对应急预案的熟悉程度，提高电力应急人员在紧急情况下妥善处置突发事件的能力，提高应急熟练程度和实战技能。

（5）科普宣教。推广和普及电力应急知识。通过开展应急演练，普及应急知识，提高公众风险防范意识和自救互救等灾害应对能力。

（6）发现隐患。发现可能发生事故的隐患和存在的问题。

**2. 应急演练的指导原则**

根据《中华人民共和国突发事件应对法》、《国家能源局综合司关于印发电力安全事故应急演练导则的通知》（国能综通安全〔2022〕124 号）、《生产安全事故应急演练基本规范》（AQ/T 9007—2019）等有关规定，为加强对应急演练工作的指导，促进应急演练规范、安全、节约、有序地开展，需遵循以下原则。

（1）依法依规，统筹规划。应急演练工作必须遵守国家相关法律、法规、标准及有关规定，科学统筹规划，纳入各供电企业、电力用户应急管理工作的整体规划，并按规划组织实施。

（2）突出重点，讲求实效。应急演练应结合电力安全风险及电力安全事故的特点及本单位实际，有针对性地设置演练内容。演练应符合事件发生、变化、控制、消除的客观规律，注重过程、讲求实效，提高突发事件应急处置能力。

（3）协调配合，保证安全。应急演练应遵循"安全第一"的原则，加强组织协调，统一指挥，保证人身、电网、设备、人民财产、公共设施安全，并遵守相关保密规定。

**3. 应急演练的基本要求**

应急管理机构在组织应急救援演练时，应当保持现场应急救援的正常保障能力。如果由于应急演练致使现场的正常保障能力在演练期间不能满足相应标准要求的，应当就这一情况发布通告，并在演练结束后，尽快恢复应急救援的正常保障能力；演练时应当尽可能避免影响演练现场的其他正常活动；演练前应当制订详细的演练计划。

应急演练的相关法律法规如表 6-1 所示。

表 6-1　应急演练的相关法律法规

| 法律法规 | 具体内容 |
|---|---|
| 《中华人民共和国安全生产法》（国家主席令第八十八号） | 第八十一条　生产经营单位应当制定本单位生产安全事故应急救援预案，与所在地县级以上地方人民政府组织制定的生产安全事故应急救援预案相衔接，并定期组织演练 |
| 《中华人民共和国突发事件应对法》（国家主席令第六十九号） | 第二十九条　县级人民政府及其有关部门、乡级人民政府、街道办事处应当组织开展应急知识的宣传普及活动和必要的应急演练。<br>居民委员会、村民委员会、企业事业单位应当根据所在地人民政府的要求，结合各自的实际情况，开展有关突发事件应急知识的宣传普及活动和必要的应急演练。<br>新闻媒体应当无偿开展突发事件预防与应急、自救与互救知识的公益宣传 |
| 《生产安全事故应急条例》（国务院令第708号） | 第八条　县级以上地方人民政府以及县级以上人民政府负有安全生产监督管理职责的部门，乡、镇人民政府以及街道办事处等地方人民政府派出机关，应当至少每2年组织1次生产安全事故应急救援预案演练。<br>易燃易爆物品、危险化学品等危险物品的生产、经营、储存、运输单位，矿山、金属冶炼、城市轨道交通运营、建筑施工单位，以及宾馆、商场、娱乐场所、旅游景区等人员密集场所经营单位，应当至少每半年组织1次生产安全事故应急救援预案演练，并将演练情况报送所在地县级以上地方人民政府负有安全生产监督管理职责的部门 |
| 《生产安全事故应急预案管理办法》（应急管理部令第2号） | 第三十三条　生产经营单位应当制定本单位的应急预案演练计划，根据本单位的事故风险特点，每年至少组织一次综合应急预案演练或者专项应急预案演练，每半年至少组织一次现场处置方案演练。<br>易燃易爆物品、危险化学品等危险物品的生产、经营、储存、运输单位，矿山、金属冶炼、城市轨道交通运营、建筑施工单位，以及宾馆、商场、娱乐场所、旅游景区等人员密集场所经营单位，应当至少每半年组织一次生产安全事故应急预案演练，并将演练情况报送所在地县级以上地方人民政府负有安全生产监督管理职责的部门。<br>县级以上地方人民政府负有安全生产监督管理职责的部门应当对本行政区域内前款规定的重点生产经营单位的生产安全事故应急救援预案演练进行抽查；发现演练不符合要求的，应当责令限期改正 |

#### 4. 应急演练内容

应急演练内容涉及方方面面，供电企业应急演练主要包括以下 10 个方面。

（1）预警与报告。向相关部门或人员发出预警信息，并向有关部门和人员报告事故情况。

（2）指挥与协调。成立应急指挥部，调集应急队伍和相关资源，开展应急救援行动。

（3）应急通信。在应急救援相关部门或人员之间进行音频、视频信号或数据信息互通。

（4）事故监测。对事故现场进行观察、分析或测定，确定事故严重程度、影响范围和变化趋势等。

（5）警戒与管制。建立应急处置现场警戒区域，实行交通管制，维护现场秩序。

（6）疏散与安置。对事故可能波及范围内的相关人员进行疏散、转移和安置。

（7）现场处置。按照相关应急预案和应急指挥部要求对事故现场进行控制和处理。

（8）社会沟通。召开新闻发布会或事故情况通报会，通报事故有关情况。

（9）后期处置。应急处置结束后，开展的事故损失评估、事故原因调查、事故现场清理和相关善后工作。

（10）其他。根据电力行业（领域）安全生产特点所包含的其他应急功能。

### 6.1.2　应急演练类型

应急演练的类型如图 6-1 所示。

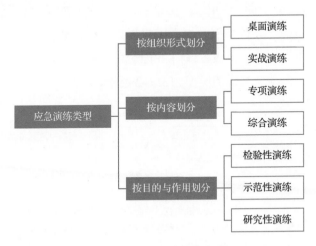

图 6-1　应急演练的类型

**1. 按组织形式划分**

（1）桌面演练

桌面演练是指参演人员利用地图、沙盘、流程图、计算机模拟、视频会议等辅助手段，针对事先假定的演练情景，讨论和推演应急决策及现场处置的过程，从而促进相关人员掌握应急预案中所规定的职责和程序，提高指挥决策和协同配合能力。桌面演练通常在室内完成。

桌面演练的主要作用是使演练人员在检查和解决应急预案中存在的问题的同时，获得一些建设性的讨论结果，并锻炼演练人员解决问题的能力，解决应急组织相互协作和职责分工等存在的问题。

桌面演练方法成本低，针对性强，主要为功能演练和全面演练服务，是应急行动单位为应对生产安全事故做准备常采用的一种有效方式，也是政府、供电企业或者负有应急职责的单位、部门独立组织演练活动的一种方式。

（2）实战演练

实战演练是指参演人员利用应急处置涉及的设备和物资，针对事先设置的突发事件情景及其后续的发展情景，通过实际决策、行动和操作，完成真实应急响应的过程，从而检验和提高相关人员的临场组织指挥、队伍调动、应急处置技能和后勤保障等应急能力。实战演练通常要在特定场所完成。实战演练按照事前是否通知演练单位和人员，可进一步分为预知型演练与非预知型演练。

实战演练要做好以下准备工作。

① 设施器材的准备。实战演练需要准备大量设施，除演练需要的应急器材、设备、人员配备外，还包括维护现场秩序装备、保障生命财产设施等。

② 演练工作的准备。实战演练准备过程包括演练的申请和报批、演练方案制定、演练计划安排、演练脚本编制以及人员、资源分配等。

③ 善后工作的准备。演练结束后，必须对演练现场进行清理恢复，将演练设备整理归库；对演练进行总结，除口头、书面汇报以外，还需要将演练过程和结果制成一份正式的演练总结报告提交给上级各部门和演练组织单位。

按组织形式划分的应急演练的类型如表 6-2 所示。

表 6-2　按组织形式划分应急演练的类型

| 分类 | 具体内容 | 特点 |
|---|---|---|
| 桌面演练 | 利用地图、沙盘、流程图、计算机模拟、视频会议等辅助手段，针对事先假定的演练情景，讨论和推演应急决策及现场处置的过程，从而促进相关人员掌握应急预案中所规定的职责和程序，提高指挥决策和协同配合能力 | 成本低，针对性强 |
| 实战演练 | 参演人员利用应急处置涉及的设备和物资，针对事先设置的突发事件情景及其后续的发展情景，通过实际决策、行动和操作，完成真实应急响应的过程，从而检验和提高相关人员的临场组织指挥、队伍调动、应急处置技能和后勤保障等应急能力 | 在特定场所完成 |

### 2. 按内容划分

**（1）专项演练**

专项演练是指只涉及应急预案中特定应急响应功能或现场处置方案中单一系列应急响应功能的演练活动。注重对一个或少数几个参演单位（岗位）的特定环节和功能进行检验。

专项演练主要包括以下内容。

① 充分准备。准备的内容包括模拟器材、应急设备、演练计划等，必要时可以向有关政府部门和机构提出技术支持请求。

② 有效实施。专项演练主要检验特定应急功能的响应水平，技术性较强，整个演练过程需要应急演练相关专家亲自参与，参演人员应具有事故处置经验，保证演练过程能顺利进行。

③ 重点评估。专项演练要成立专门的演练评估小组，对演练过程进行详细记录并评估其结果，评估人员数量视演练规模而定。

**（2）综合演练**

综合演练是指涉及应急预案中多项或全部应急响应功能的演练活动。注重对多个环节和功能进行检验，特别是对不同单位之间应急机制和联合应对能力的检验。

综合演练主要包括以下内容。

① 演练的申请和报批。应急演练组织单位需要提前向电力监管部门或政府其他相关部门提出演练申请，在得到批准回复后方可进行正式演练准备。

② 演练方案的制定。要使演练活动顺利实施并达到预期效果，必须在演练准备过程中制定完善的演练方案，保证演练过程按计划进行。

③ 参演组织协调合作。综合演练一般涉及多个单位或部门，各部门人员必须坚守自己的岗位，相互之间协调合作，才能保证演练活动稳定有序开展。

④ 演练资源的调用。综合演练涉及的器材、设备等资源众多，在演练过程中须确保各类资源齐全。

⑤ 演练后期工作。演练结束后，需对演练场所进行恢复处置，对演练结果进行评估。

按内容划分应急演练的类型如表 6-3 所示。

表 6-3　按内容划分应急演练的类型

| 分类 | 具体内容 | 特点 |
|---|---|---|
| 专项演练 | 专项演练是指只涉及应急预案中特定应急响应功能或现场处置方案中单一系列应急响应功能的演练活动 | 对特定环节和功能进行检验 |
| 综合演练 | 综合演练是指涉及应急预案中多项或全部应急响应功能的演练活动 | 对多个环节和功能进行检验 |

### 3. 按目的与作用划分

（1）检验性演练

检验性演练是指为检验应急预案的可行性、应急准备的充分性、应急机制的协调性及相关人员的应急处置能力而组织的演练。

（2）示范性演练

示范性演练是指为检验和展示综合应急救援能力，按照应急预案开展的具有较强指导宣教意义的规范性演练。

（3）研究性演练

研究性演练是指为研究和解决突发事件应急处置的重点、难点问题，试验新方案、新技术、新装备而组织的演练。

按目的与作用划分应急演练的类型如表 6-4 所示。

表 6-4　按目的与作用划分应急演练的类型

| 分类 | 具体内容 | 特点 |
|---|---|---|
| 检验性演练 | 检验性演练是指为检验应急预案的可行性、应急准备的充分性、应急机制的协调性及相关人员的应急处置能力而组织的演练 | 检验应急预案 |
| 示范性演练 | 示范性演练是指为检验和展示综合应急救援能力，按照应急预案开展的具有较强指导宣教意义的规范性演练 | 指导宣教意义的规范性演练 |
| 研究性演练 | 研究性演练是指为研究和解决突发事件应急处置的重点、难点问题，试验新方案、新技术、新装备而组织的演练 | 试验新方案等演练 |

**注意:**不同类型的演练结合,可以形成单项桌面演练、综合桌面演练、单项实战演练、示范性单项演练等。

### 4. 应急演练类型选择依据

应急演练类型应当根据供电企业安全生产要求、资源条件、客观实际情况,以及当地演练水平、气候等方面进行选择。在选择应急演练类型时应充分考虑下列因素。

（1）国家法律法规及地方政府部门颁发的有关应急演练规定、准则等文件。

（2）供电企业长期或短期的演练规划和安排。

（3）供电企业综合应急预案、专项应急预案编制与执行工作的进展情况。

（4）供电企业常见的事故类型及所面临风险的性质和大小。

（5）供电企业当前应急救援能力建设和发展的情况。

（6）演练单位现有应急演练资源状况,包括人员、物资、器材设备、资金筹措等实际情况。

总之,应急演练类型、频次的选择应依据法律、法规、标准和应急预案的要求,有针对性地组织开展供电企业应急演练活动。对于可能发生重大事故的供电企业,应适时联合当地政府或其他单位,组织开展全面演练,全面提高企业自身应急预案的有效性、人员应急状态下的自救互救能力和应急处置能力。

## 6.1.3 应急演练参与人员

应急演练的参与人员包括参演人员、控制人员、模拟人员、评估人员和观摩人员等5类。这5类人员在演练过程中都有着重要的作用,并且在演练过程中都应佩戴能表明其身份的识别符。

### 1. 参演人员

参演人员是指在应急组织机构中承担具体任务,并在演练过程中尽可能对演练情景或模拟事件做出真实情景下可能采取响应行动的人员,相当于通常所说的演员。参演人员所承担的具体任务如下。

（1）救助伤员或被困人员。

（2）保护财产或电网、设备安全。

（3）获取并管理各类应急资源。

（4）与其他应急人员协同处理事故或紧急事件。

### 2. 控制人员

控制人员是指根据演练情景,指挥演练进度的人员。控制人员根据演练方案及演练计划的要求,引导参演人员按响应程序行动,并不断给出有关信息反馈,供参演人员进行判断,做出决策。其主要任务如下。

（1）确保规定的演练项目得到充分的演练，以利于评估工作的开展。

（2）确保演练活动的任务量和挑战性。

（3）确保演练的进度。

（4）解答参演人员的疑问，解决在演练过程中出现的问题。

（5）保障演练过程的安全。

### 3. 模拟人员

模报人员是指在演练过程中扮演、代替某些应急工作组和基层单位，或模拟紧急事件、事态发展的人员。其主要任务如下。

（1）扮演、代替正常情况或响应时应与应急指挥中心、现场应急指挥部相互作用的应急工作组或基层单位。由于各方面的原因，这些应急工作组或单位并不参与此次演练。

（2）模拟事故的发生过程，如释放烟雾、模拟气象条件、模拟故障等。

（3）模拟受害或受影响人员。

### 4. 评估人员

评估人员是指负责观察演练进展情况并予以记录的人员。其主要任务如下。

（1）观察参演人员的应急行动，并记录观察结果。

（2）在不干扰参演人员工作的情况下，协助控制人员确保演练按计划进行。

### 5. 观摩人员

观摩人员是指来自有关部门、外部机构以及旁观演练过程的观众。

## 6.1.4　应急演练基本流程

应急演练实施基本流程包括计划、准备、实施、评估与总结、持续改进五个阶段，如图 6-2 所示。

图 6-2　应急演练实施基本流程

## 6.2 应急演练计划

应急演练计划应以演练情景设计为基础。演练情景是指对假想事故按其发生过程进行叙述性的说明。情景设计就是针对假想事故的发展过程，设计出一系列的情景事件，包括重大事件和次级事件，目的是通过引入这些需要应急组织做出响应行动的事件，全面地检验演练效果。应急演练计划主要步骤如表 6-5 所示。

表 6-5  应急演练计划主要步骤

| 主要步骤 | 具体内容 |
|---|---|
| 需求分析 | 全面分析和评估电力安全事故应急预案、应急职责、应急处置工作流程和指挥调度程序、应急技能和应急装备、物资的实际情况，提出需通过应急演练解决的问题；<br>有针对性地确定应急演练目标，提出应急演练的初步内容和主要科目 |
| 明确任务 | 确定应急演练的事故情景假设、演练类型、参演单位、应急演练各阶段主要任务、应急演练实施的拟定日期 |
| 制订计划 | 根据需求分析及任务安排，组织人员编制演练计划文本 |

应急演练计划表如表 6-6 所示。

表 6-6  应急演练计划表

| 序号 | 演练项目 | 目的 / 要求 | 演练类型 | 演练时间 | 参演单位 | 演练过程安排 | 经费是否纳入预算 ( 是 / 否 ) |
|---|---|---|---|---|---|---|---|
|  |  |  |  |  |  |  |  |
|  |  |  |  |  |  |  |  |
|  |  |  |  |  |  |  |  |

注：1. 目的 / 要求：明确开展应急演练的原因、要解决的问题和期望达到的效果。
2. 演练类型：桌面、实战、桌面 + 实战等。
3. 演练时间：建议党政机关、企事业单位及社会团体每年组织一次综合演练，不定期组织专项演练或小范围演练。
4. 演练过程安排：包括但不限于预案评审、演练通知、演练环境部署、执行演练方案、演练报告编写、更新预案等环节。
5. 建议每年 12 月前完成下一年度的演练计划，并将有关经费纳入预算。

## 6.3 应急演练准备

应急演练的准备阶段是应急演练的基础。在应急演练准备阶段主要从以下四个方面进行。

### 6.3.1 成立演练组织机构

综合演练成立以应急预案发布单位主要负责人（或分管负责人）为组长，相关部门(单位)人员参加的应急演练领导小组。应急演练领导小组下设策划与导调组、保障组、评估组、宣传组（可根据应急演练的类型、规模等实际需要选择性成立其他小组），并明确各小组演练工作职责、分工（见表6-7）。

表 6-7 应急演练组织机构

| 小组 | 各小组演练工作职责、分工 |
| --- | --- |
| 领导小组 | 1. 负责应急演练筹备和实施过程中的组织领导工作；<br>2. 审批应急演练工作方案和经费使用；<br>3. 审批应急演练总结评估报告；<br>4. 决定应急演练的其他重要事项 |
| 策划与导调组 | 1. 负责编制应急演练工作方案、演练执行方案和演练观摩手册；<br>2. 负责演练活动筹备、事故场景布置；<br>3. 负责演练进程控制、参与人员调度以及与相关单位、工作组的联络和协调；<br>4. 负责提供信息发布的内容；<br>5. 负责针对应急演练实施中可能面临的风险进行评估，并审核应急演练安全保障方案 |
| 保障组 | 1. 负责应急演练安全保障方案制定与执行；<br>2. 负责所需物资的准备，以及应急演练结束后物资清理归库；<br>3. 负责提供应急演练技术支持，主要包括应急演练所涉及的调度、通信等；<br>4. 负责应急演练的后勤保障；<br>5. 负责演练人员管理及经费使用管理 |
| 评估组 | 1. 负责编制应急演练评估方案；<br>2. 跟踪和记录应急演练进展情况，发现应急演练中存在的问题并做好过程评估；<br>3. 演练结束后，及时向演练单位或演练领导小组及其他相关专业组提出评估意见、建议，并撰写演练评估报告 |
| 宣传组 | 1. 负责编制演练宣传方案；<br>2. 负责整理演练信息、组织新闻媒体并开展新闻发布 |

### 6.3.2 编写演练文件

对于综合演练，应编写演练文件；对于专项演练，可根据实际选择编制需要的演练文件。

#### 1. 应急演练工作方案

在实施演练活动之前要编写详细、通俗易懂的工作方案，并确保相关人员能够人手一份。工作方案的编写要经过充分的交流和沟通，使工作方案能够切实可行并且没有遗漏重要的细节信息。

工作方案主要内容如下。

（1）应急演练的时间、地点、目的及要求。

（2）事故情景设置，对演练过程中应采取的预警、应急响应、决策与指挥、处置与救援、保障与恢复、信息发布等应急行动与应对措施的预先设定和描述。

（3）参演单位、参与人员，以及对应的任务和职责。

（4）技术支撑及保障条件，参演单位联系方式。

（5）评估内容、准则和方法，总结与评估工作的安排。

应急演练工作方案如表6-8所示。

表6-8　应急演练工作方案

| 演练概要 | | | | | |
|---|---|---|---|---|---|
| 演练时间 | | | 演练地点 | | |
| 演练目的 | | | | | |
| 场景设置 | | | | | |
| 演练形式 | □桌面演练<br>□实战演练<br>□示范性演练 | | □组织内部　□行业内部<br>□跨行业　□跨地区 | | □综合演练<br>□专项演练 |
| 参演团队构成<br>（单位、角色、<br>职责分工） | 管理部门 | | ××（人员）：×××××（职责） | | |
| | 指挥机构 | 领导小组 | ××（人员）：×××××（职责） | | |
| | | 策划与导调组 | ××（人员）：×××××（职责） | | |
| | 参演机构 | 保障组 | ××（人员）：×××××（职责） | | |
| | | 评估组 | ××（人员）：×××××（职责） | | |
| | | 宣传组 | ××（人员）：×××××（职责） | | |
| 演练内容 | 指导思想：<br>工作原则：<br>演练流程：<br>评估准则：<br>其他准备事项：<br>工作要求： | | | | |

**2. 应急演练执行方案**

应急演练执行方案一般可分为应急演练脚本和应急演练控制方案两类。

（1）应急演练脚本是指应急演练工作方案的具体操作手册，帮助参演人员掌握演练进程和各自需演练的步骤。应急演练脚本（见表6-9）一般采用表格形式，描述应急演练每个步骤的时刻及时长、对应的情景内容、处置行动及责任人员、指令与报告对白、适时选用的技术设备、视频画面与字幕、解说词等。应急演练脚本主要适用于示范性演练。

（2）应急演练控制方案是指演练策划导调或控制人员的具体操作手册，帮助策划导调或控制人员控制演练发展、掌握演练进程以及操作演练展示。按照演练实施步骤或顺序描述应急演练每个步骤的计划时刻及时长、对应的情景和演练内容、触发的背景信息、处置行动及责任人员、需要发布的指令、适时选用的技术设备、视频画面与字幕展示安排、组织步骤等。应急演练控制方案主要适用于设备丰富、技术复杂的演练，可根据实际需求增加、减少演练控制方案中的相关要素。

表 6-9　应急演练脚本

| 演练概要 | | | | | | | | | |
|---|---|---|---|---|---|---|---|---|---|
| 演练时间 | | | 演练地点 | | | | | | |
| 演练目的 | | | | | | | | | |
| 场景设置 | | | | | | | | | |
| 演练形式 | | □桌面演练<br>□实战演练<br>□示范性演练 | □组织内部　□行业内部<br>□跨行业　□地域性　□跨地区 | | | | □综合演练<br>□专项演练 | | |
| 参演团队构成<br>（单位、角色、<br>职责分工） | | 管理部门 | | | | ××（人员）：×××××（职责） | | | |
| | 指挥机构 | 领导小组 | | | | ××（人员）：×××××（职责） | | | |
| | | 策划与导调组 | | | | ××（人员）：×××××（职责） | | | |
| | 参演机构 | 保障组 | | | | ××（人员）：×××××（职责） | | | |
| | | 评估组 | | | | ××（人员）：×××××（职责） | | | |
| | | 宣传组 | | | | ××（人员）：×××××（职责） | | | |
| 演练保障 | 人员保障： | | | | | | | | |
| | 经费保障： | | | | | | | | |
| | 场地保障： | | | | | | | | |
| | 基础设施保障： | | | | | | | | |
| | 通信保障： | | | | | | | | |
| | 安全保障： | | | | | | | | |
| | 保障检查： | | | | | | | | |
| 演练脚本 | | | | | | | | | |
| 演练阶段 | 序号 | 演练主线<br>（按方案步骤<br>执行） | 场景展示<br>（镜头） | 角色 | 指令/报<br>告/应答 | 动作 | 同步场景 | 角色/动作 | 备注 |
| | | | | | | | | | |
| | | | | | | | | | |
| | | | | | | | | | |

3. 应急演练评估方案

按照《生产安全事故应急演练评估规范》（AQ/T 9009—2015）编制应急演练评估方案。应急演练评估方案的内容主要是对演练目标、评估准则、评估工具、评估程序、评估策略、评估组成，以及评估人员在演练准备、实施和总结阶段的职责与任务的详细说明。

根据需要编写应急演练评估方案，主要包括以下内容。

（1）应急演练目的和目标、情景描述，应急行动与应对措施简介。

（2）应急演练准备、应急演练方案、应急演练组织与实施、应急演练效果等。

（3）应急演练目的实现程度的评估指标。

（4）主要步骤及任务分工。

（5）演练评估项目。

应急演练评估方案如表6-10所示。

表6-10　应急演练评估方案

| 演练概要 | | | | |
|---|---|---|---|---|
| 评估时间 | | 评估地点 | | |
| 评估对象 | | 评估形式 | | |
| 评估组成员 | | | | |
| 姓名 | 单位 | | 职务 | 专长领域 |
| | | | | |
| | | | | |
| 演练评估 | | | | |
| 序号 | 评估项目 | 评估指标 | 评估结论 | 改进建议 |
| 1 | 演练方案可行性 | ◆演练方案的合理性、可用性<br>◆演练方案与预案符合程度 | | |
| 2 | 监控告警能力 | ◆告警信息是否及时、准确 | | |
| 3 | 故障定位能力 | ◆是否准确定位故障点<br>◆是否及时根据预案提出解决方案 | | |
| 4 | 现场指挥协调能力 | ◆现场是否迅速建立应急指挥部<br>◆是否有明确的总指挥和现场指挥<br>◆总指挥和现场指挥命令下达是否正确<br>◆各主管部门是否迅速到位，不同人员的标志是否清楚 | | |
| 5 | 参演人员处置能力 | ◆是否就位迅速、职责明确<br>◆是否处置及时<br>◆是否正确向指挥部反馈处置情况 | | |
| 综合评价 | | | | |

4. 应急演练保障方案

应急演练保障方案主要包括以下内容。

（1）可能发生的意外情况、应急处置措施及责任部门。

（2）应急演练的安全设施与装备。

（3）应急演练非正常中止条件与程序。

（4）安全注意事项。

应急演练保障方案如表 6-11 所示。

表 6-11　应急演练保障方案

| 演练概要 | | | |
|---|---|---|---|
| 保障对象 | | 保障范围 | |
| 保障需求 | | | |
| 保障目的 | | | |
| 牵头单位 / 部门 | | 配合单位 / 部门 | |
| 演练保障 | 人员保障： | | |
| | 经费保障： | | |
| | 场地保障： | | |
| | 基础设施保障： | | |
| | 通信保障： | | |
| | 技术保障： | | |
| | 安全保障： | | |
| | 保障检查： | | |

### 5. 应急演练观摩手册

根据应急演练规模和观摩需要，可编制应急演练观摩手册。应急演练观摩手册通常包括应急演练时间、地点、情景描述、主要环节及演练内容、安全注意事项等。

### 6. 应急演练宣传方案

编制应急演练宣传方案，主要包括宣传目标、宣传方式、传播途径、主要任务及分工、技术支持等。

## 6.3.3　落实保障措施

保障措施主要包括组织保障、资金与物资保障、技术保障、安全保障以及宣传保障等内容，如表 6-12 所示。

表 6-12　保障措施主要内容

| 保障项目 | 主要内容 |
|---|---|
| 组织保障 | 落实演练总指挥、现场指挥、策划导调、宣传、保障、评估、演练参与部门（单位）和人员等，必要时考虑替补人员 |
| 资金与物资保障 | 明确演练工作经费及承担单位，明确各参演单位所准备的演练物资和器材 |
| 技术保障 | 落实演练场地设置和演练实施有关技术条件，既满足演练活动需要，又尽量避免影响企业和公众正常生产、生活；落实演练情景模型制作；采用多种公用或专用通信系统，保证演练通信畅通；落实应急电源保障等 |
| 安全保障 | 采取必要的安全防护措施，进行必要的系统（设备）安全隔离，确保所有参演人员、观摩人员、现场群众生命财产安全及运行系统安全 |
| 宣传保障 | 根据演练需要，对涉及的演练单位、人员及社会公众进行演练预告，宣传电力应急相关知识 |

### 6.3.4 其他准备事项

根据需要准备应急演练有关活动安排，进行相关应急预案培训，必要时可进行预演。

## 6.4 应急演练实施

演练实施阶段，参演的应急组织和应急人员应尽可能按照实际突发事件发生时的响应要求进行演练，由参演应急组织和应急人员根据策划小组对最佳解决方案的一致性理解做出响应行动。演练实施主要步骤如图 6-3 所示。

图 6-3　演练实施主要步骤

### 6.4.1 现场检查

确认演练所需的工具、设备、设施、技术资料以及参演人员等要素到位。对应急演练安全设备、设施进行检查确认，确保安全保障方案可行，所有设备、设施完好，电力、通信系统正常。

### 6.4.2 演练简介

应急演练正式开始前，应对参演人员进行情况说明，使其了解应急演练规则、场景及主要内容、岗位职责、演练过程中可能存在的风险点及危险有害因素和注意事项。

### 6.4.3 启动

应急演练总指挥负责演练实施过程的指挥控制，条件具备后，由总指挥宣布演练开始。

### 6.4.4 执行

实战演练或桌面演练主要参照以下步骤执行，可根据需要选择部分环节开展。

#### 1. 实战演练执行

按照应急演练工作方案和执行方案，政府及有关部门、国家能源局派出机构、供电企业、电力用户、社会救援力量等所有参演单位和人员有序推进各个场景。

演练策划与导调组对应急演练实施全过程指挥控制，按照应急演练执行方案向参演单位和人员发出信息指令，传递相关信息，控制演练进程。

在应急演练过程中，策划与导调组人员（简称导调人员）应随时掌握应急演练进展情况，并向领导小组组长报告应急演练中出现的各种问题。

各参演单位和人员，根据导调信息和指令，依据应急演练工作方案规定流程，按照发生真实事故时的应急处置程序，采取相应的应急处置行动；参演人员按照应急演练方案要求，做出信息反馈。

演练评估组跟踪参演单位和人员的响应情况，进行评估并做好记录。

实战演练一般包括以下内容。

（1）监测与风险分析

参演单位模拟开展针对电力设施、设备和燃料供应等监测行动，并与气象等部门开展信息共享活动，对可能的风险后果和灾情发展走向进行分析评估。

（2）预警信息发布及应急准备

相关单位对事态进行科学研判，必要时发布预警信息，参演单位做好各项应急准备工作。根据预案要求，可由预警发布单位及时调整或宣布解除预警。

（3）响应启动

按照电力安全事故严重程度，相关单位启动应急响应并开展应急指挥或应对处置。

（4）信息报告

相关单位按《电力安全事故应急处置和调查处理条例》及有关文件规定开展事故信息报告。

（5）电力抢修与恢复运行

供电企业开展合理安排运行方式、恢复电力设备运行、组织力量抢修受损设备设施、提供电力支援、做好机组并网准备等系列抢修与恢复运行的相关模拟或实战活动。重要电力用户或其他可能受到影响的单位模拟开展启动自备应急电源等行动。

（6）城市生命线、社会治安等保障

相关参演单位模拟开展关于重点单位保障、交通、通信、供排水等各个方面的救援、救助、保障、调度和恢复等任务和活动，模拟做好受灾群众临时安置、商业运营、物资供应、金融、医疗、教育、广播电视等社会民生系统的各项保障任务和应对行动。公安等有关部门模拟开展对涉及国家安全和公共安全的重点地点和单位的安全保卫工作，维护应急处置救援现场的秩序，必要时对事故可能波及范围内的相关人员进行疏散、转移和安置。

（7）信息发布

必要时开展面向社会公众的信息发布和舆情引导工作，包括做好社会提示、开展舆情收集、回应社会关切、澄清不实信息等。

## 2. 桌面演练执行

演练导调人员按照应急预案或应急演练方案发出信息指令后，参演单位和人员依据接收到的信息，以回答问题或模拟推演的形式，完成应急处置活动。桌面演练执行主要环节如图 6-4 所示。

图 6-4 桌面演练执行主要环节

（1）注入信息：导调人员通过多媒体文件、沙盘、消息单、实时通信、VR/AR 等多种形式向参演单位和人员展示应急演练场景，展现电力安全事故发生发展情况。

（2）提出问题：在每个演练场景中，由导调人员在场景展现完毕后根据应急演练方案提出一个或多个问题。

（3）分析决策：根据导调人员提出的问题或所展现的应急决策处置任务及场景信息，参演单位和人员开展思考讨论，形成处置决策意见。

（4）表达结果：在组内讨论结束后，各组代表按要求提交或口头阐述本组的分析决策结果，或者通过模拟操作与动作展示应急处置活动。

各组决策结果表达结束后，导调人员可对演练情况进行简要讲解，接着注入新的信息。

### 6.4.5 演练结束

完成演练内容后，参演人员进行人数清点和讲评，演练总指挥宣布演练结束。

### 6.4.6 其他事项

#### 1. 演练解说

在演练实施过程中，演练导调人员进行解说，内容包括演练背景描述、进程讲解、案例介绍、环境渲染等。

#### 2. 演练记录

在演练实施过程中，应安排专人采用文字、图片和声像记录演练过程，其中文字记录内容主要包括：

（1）演练开始和结束时间。

（2）现场实际执行情况。

（3）演练人员表现。

（4）出现的特殊或意外情况及其处置。

（5）参演人员签字记录。

## 3. 演练中止

在应急演练实施过程中，出现特殊或意外情况，经应急演练领导小组评估认为短时间内不能妥善处理或解决时，可由应急演练总指挥按照事先规定的程序和指令中断应急演练，并立即组织应对特殊或意外情况，也可由应急演练领导小组视情况决定是否恢复演练。

应急演练记录单如表 6-13 所示。

表 6-13　应急演练记录单

| 演练概要 | | | | | | | | |
|---|---|---|---|---|---|---|---|---|
| 演练时间 | | | 演练地点 | | | | | |
| 演练目的 | | | | | | | | |
| 场景设置 | | | | | | | | |
| 演练形式 | | □桌面演练<br>□实战演练<br>□示范性演练 | □组织内部　□行业内部<br>□跨行业　　□地域性　　□跨地区 | | | | □综合演练<br>□专项演练 | |
| 管理部门 | | | 参演机构 | | | | | |
| 演练记录 | | | | | | | | |
| 演练阶段 | 序号 | 起止时间 | 演练过程控制情况 | 参演人员表现 | 意外情况及其处置（选填） | 记录人 | 记录手段 | |
| 系统准备及启动 | 1 | | □系统备份等安全控制措施<br>□演练前是否向领导小组确认<br>□是否正式宣布演练开始<br>□其他（请补充说明） | | | | □文字<br>□照片<br>□音像<br>□其他（补充说明具体手段） | |
| 演练执行 | 2 | | □是否对演练全过程进行控制<br>□是否按照演练预案进行事件场景模拟<br>□是否指定专人按预案要求将发现的问题和处置情况及时报告<br>□是否做好演练执行的全过程记录<br>□其他（请补充说明） | | | | □文字<br>□照片<br>□音像<br>□其他（补充说明具体手段） | |

| 演练阶段 | 序号 | 起止时间 | 演练过程控制情况 | 参演人员表现 | 意外情况及其处置（选填） | 记录人 | 记录手段 |
|---|---|---|---|---|---|---|---|
| 演练结束与终止 | 3 | | □演练结束后，是否由领导小组宣布演练结束，且所有人员停止了演练活动<br>□各组是否及时总结<br>□各组对演练现场是否进行清理<br>□演练过程中出现突发情形，是否提前终止演练<br>□其他（请补充说明） | | | | □文字<br>□照片<br>□音像<br>□其他（补充说明具体手段） |
| 现场恢复 | 4 | | □是否恢复现场<br>□是否向领导小组报告现场恢复情况<br>□其他（请补充说明） | | | | □文字<br>□照片<br>□音像<br>□其他（补充说明具体手段） |

在演练过程中要注意以下问题。

（1）可设立专门的小组来负责训练和演练的设计、监督及评估。

（2）负责人应拥有完整的训练和演练记录，作为评估和制订下一步计划的参考资料。

（3）可邀请非受训部门应急人员参加，为训练、演练过程和结果的评估提供参考意见。

（4）应尽量避免训练和演练给社会生活造成干扰。

同时，还应注意特殊场地危险特点、现有响应能力、演练费用、关键人员的支持力度、可获取的各种资源（省、市、地方和个人）、演练对正常工作的影响程度及政府对演练的要求等。

# 6.5 评估与总结

## 6.5.1 评估

按照 AQ/T 9009—2015《生产安全事故应急演练评估规范》的要求进行演练评估，

撰写评估报告。

**1. 演练点评**

演练结束后，可选派有关代表（演练组织人员、参演人员、评估人员或相关方人员）对演练中发现的问题及取得的成效进行现场点评。

**2. 参演人员自评**

演练结束后，演练单位应组织各参演小组或参演人员进行自评，总结演练中的优点和不足，介绍演练收获及体会。演练评估人员应参加参演人员自评会并做好记录。

**3. 评估组评估**

参演人员自评结束后，演练评估组负责人应组织召开专题评估工作会议，综合评估意见。评估人员应根据演练情况和演练评估记录发表建议并交换意见，分析相关信息资料，明确存在的问题并提出整改要求和措施等。

**4. 编制演练评估报告**

（1）报告编写要求

演练现场评估工作结束后，评估组针对收集的各种信息资料，依据评估标准和相关文件资料对演练活动全过程进行科学分析和客观评价，并撰写演练评估报告，评估报告应向所有参演人员公示。

（2）报告主要内容

演练基本情况：演练的组织及承办单位、演练形式、演练模拟的事故名称、发生的时间和地点、事故过程的情景描述、主要应急行动等。

演练评估过程：演练评估工作的组织实施过程和主要工作安排。

演练情况分析：依据演练评估表格的评估结果，从演练的准备及组织实施情况、参演人员表现等方面具体分析好的做法和存在的问题以及演练目标的实现、演练成本效益分析等。

改进的意见和建议：对演练评估中发现的问题提出整改的意见和建议。

评估结论：对演练组织实施情况的综合评价，评估结论有优、良、中、差等。

**5. 整改落实**

演练组织单位应根据评估报告中提出的问题和不足，制订整改计划，明确整改目标，制定整改措施，并跟踪督促整改落实，直到问题解决为止。同时，总结分析存在的问题及其产生的原因。

应急演练评估单如表 6-14 所示。

表 6-14　应急演练评估单

| 演练概要 | | | | | | |
|---|---|---|---|---|---|---|
| 演练时间 | | | 演练地点 | | | |
| 演练目的 | | | | | | |
| 场景设置 | | | | | | |
| 演练形式 | □桌面演练<br>□实战演练<br>□示范性演练 | | □组织内部　□行业内部<br>□跨行业　□地域性　□跨地区 | | □综合演练<br>□专项演练 | |
| 管理部门 | | | 参演机构 | | | |

| 评估组成员 | | | | |
|---|---|---|---|---|
| 姓名 | 单位 | 职务 | | 专长领域 |
| | | | | |
| | | | | |

| 演练评估 | | | | | |
|---|---|---|---|---|---|
| 序号 | 评估项目 | 评估指标 | | 评估结论 | 改进建议 |
| 1 | 演练方案<br>可行性 | ◆演练方案的合理性、可用性<br>◆演练方案与预案符合程度 | | | |
| 2 | 监控告警能力 | ◆告警信息是否及时、准确 | | | |
| 3 | 故障定位能力 | ◆是否准确定位故障点<br>◆是否及时根据预案提出解决方案 | | | |
| 4 | 现场指挥协调<br>能力 | ◆参演组是否迅速建立了应急指挥机构<br>◆是否有明确的指挥组组长和协调者<br>◆指挥组和协调组命令下达是否正确<br>◆各主管部门是否迅速到位 | | | |
| 5 | 参演人员处置<br>能力 | ◆是否就位迅速，职责明确<br>◆是否处置及时<br>◆是否正确向演练组织机构反馈处置情况 | | | |
| 6 | 关联方应急<br>联动能力 | ◆接口部门及人员是否明确<br>◆是否响应及时<br>◆配合是否流畅 | | | |
| 7 | 演练保障能力 | ◆应急人员是否及时就位<br>◆技术备品备件是否充足<br>◆应急物资及必要通信设备准备是否充足<br>◆是否制定意外情况应急措施 | | | |
| 8 | 演练目标的<br>实现情况 | ◆通过演练是否发现可改进事项<br>◆是否达到预期目标 | | | |
| 9 | 演练的成本<br>效益分析 | ◆是否符合演练预算 | | | |
| 10 | 评估结论（综合评价） | □优：无差错地完成了所有应急演练内容<br>□良：达到了预期的演练目标，差错较少<br>□中：存在明显缺陷，但没有影响实现预期的演练目标<br>□差：出现了重大错误，演练预期目标受到严重影响，演练被迫终止，造成应急行动延误或资源浪费 | | | |

供电企业应急管理基础

### 6.5.2　总结

应急演练的总结与追踪是全面评估演练是否达到演练目标、应急管理水平是否需要改进及改进是否完成的一个重要步骤。

**1. 撰写演练总结报告**

演练总结可以通过访谈、汇报、协商、自我评估、公开评估和通报等形式完成，最后形成总结报告。总结报告是对演练情况的详细说明和对该次演练的评估。总结报告包括应急演练工作的概况、应急演练工作的经验和教训以及需要改进的内容、应急管理工作的建议等内容。

在应急演练结束之后，还要对应急演练进行追踪。追踪是指策划小组在演练总结结束之后，安排人员督促相关应急组织继续解决其中尚待解决的问题或事项的活动。为确保参演应急组织能从演练中取得最大收益，策划小组应对演练中发现的问题进行充分研究，确定导致该问题出现的根本原因、纠正方法、纠正措施及完成时间，并安排专人负责对在演练中发现的问题和不足实施追踪，监督检查纠正措施的进展情况。

**2. 演练资料归档**

应急演练活动结束后，将应急演练方案、应急演练评估报告、应急演练总结报告等文字资料，以及记录演练实施过程的相关图片、视频、音频等资料归档保存；对主管部门要求备案的应急演练，演练组织单位应将相关资料报主管部门备案。

应急演练总结报告如表 6-15 所示。

表 6-15　应急演练总结报告

| 演练概要 | | | | |
|---|---|---|---|---|
| 演练时间 | | 演练地点 | | |
| 演练目的 | | | | |
| 场景设置 | | | | |
| 演练形式 | ☐桌面演练<br>☐实战演练<br>☐示范性演练 | ☐组织内部　☐行业内部<br>☐跨行业　☐地域性　☐跨地区 | | ☐综合演练<br>☐专项演练 |
| 牵头单位 | | 参演机构 | | |
| 演练评估 | | | | |
| 演练评估时间 | | 演练评估地点 | | |
| 评估专家组成员 | | | | |
| 评估结论 | | | | |
| 演练总结及改进思路 | | | | |
| 演练总结 | | | | |
| 改进思路 | | | | |

## 6.6 持续改进

### 6.6.1 预案修订

根据演练评估报告中对应急预案的改进建议，由应急预案编制单位按程序对预案进行修订完善。

### 6.6.2 应急管理工作改进

（1）应急演练结束后，各参演单位应根据应急演练评估总结提出的相关问题和建议，对本单位的电力应急管理工作（包括应急演练工作）进行持续改进。

（2）各参演单位应督促本单位相关责任部门和人员，制订整改计划，明确整改目标，制定整改措施，落实整改资金，并跟踪督查整改情况。

供电企业应急管理基础

# 第7章 应急保障

《国务院关于印发"十四五"国家应急体系规划的通知》（国发〔2021〕36号）中强调，全面加强应急通信、应急装备、应急物资、应急广播、紧急运输等保障能力。供电企业应急保障是指供电企业在应急装备、物资、队伍、后勤、通信、资金等方面，保障应急工作顺利开展的能力。应急保障包括应急物资与装备保障、应急队伍保障、应急后勤保障、应急通信保障、应急资金保障、应急医疗保障、应急新闻保障及应急心理保障等。

建设供电企业应急指挥系统形成各级应急指挥协调联动机制；建设覆盖各级应急指挥中心直至应急处置现场的应急通信系统；建设分散管理、统一调配、快速机动的应急救援队伍，满足各类应急救援的需要；整合现有资源，完善制度机制，建设为应急抢修救援队伍提供现场生活医疗服务的后勤保障体系；加强应急资金保障，研究设立专项应急资金管理使用制度等，是供电企业应急管理工作的重点任务。

## 7.1 应急物资与装备保障

对供电企业而言，应急物资与装备是指为了防范恶劣自然灾害或其他因素造成电力停电、发电厂（站）停运，满足短时间恢复供电需要而储备的物资和特种装备。

供电企业应建立应急物资与装备管理体系，实行统一归口管理。应急物资与装备管理遵循"统筹管理、科学分布、合理储备、统一调配、实时信息"的原则进行管理，同时应健全应急物资与装备信息平台数据，确保资源共享。

### 7.1.1　应急物资保障

应急物资的储备数量和定额应根据供电企业设备资产数量和实际运行情况制定，所管辖的生产单位也要根据管辖范围内设备的运行状况、故障率等情况，制定相应的应急备品备件储备定额。储备定额需根据实际情况，及时进行修订，不断优化储备定额，逐步提升定额管理水平，减少资金占用。在自然灾害多发季节，供电企业应在生产运维物资储备定额的基础上增加季节性储备定额，作为应急物资储备。

#### 1. 应急物资需求与采购

供电企业应定期检查应急物资库存情况，发现应急物资消耗量超过警戒线或者库存应急物资保质期将到时，应根据实际情况及时进行补充。各级物资部门按照招标采购的有关规定，组织实施本级应急物资的采购工作。

应急物资采购通常包括招标和非招标两种采购方式。应急实物储备和协议储备物资原则上采取招标方式。在应急救援抢险过程中，当物资不能满足抢险需要时，可以采取非招标的紧急采购方式。

#### 2. 应急物资仓储管理

供电企业应选择区域辐射性强、交通方便、仓储设施齐备的仓库存放应急物资。应急物资储备分为实物储备、协议储备和动态周转等方式，如图 7-1 所示。

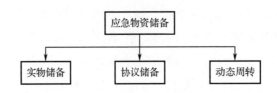

图 7-1　应急物资储备方式

（1）实物储备

实物储备是指应急物资采购后存放在应急物资储备仓库内的一种储备方式（见图 7-2）。

实物储备的应急物资管理应按照供电企业仓储配送管理规定进行管理，保证应急物资质量完好、随时可用。实物储备的应急物资应根据物资特性确定轮换周期，储存时间达到轮换周期的应急物资，应纳入平衡利库物资范围，优先安排利库，无法纳入平衡利库的应急物资，应与供应商签订协议，组织轮换。

（2）协议储备

协议储备是指将应急物资存放在协议供应商工厂内的一种储备方式。

协议储备要明确协议储备的日常管理，选择本地实力强、信誉好的企业作为承储企业，由责任单位与承储企业签订应急物资协议储备合同，实行社会化储备，明确承储企业供应责任人和责任，采用法律、行政和市场等手段相结合的方式，确保发生紧急情况时承储企业能按合同要求及时足额供应代储物资。

图 7-2 实物储备示意图

（3）动态周转

动态周转是指将在建项目工程物资、大修技改物资、生产备品备件等作为应急物资使用的一种方式。

动态周转物资应建立储备数据库，定期填报、动态更新，应将储备物资的生产能力、技术能力及运力配送情况等信息全部录入数据库。

**3. 应急物资供应与分配**

应急物资的供应遵循"先近后远、先利库后采购"的原则以及"先实物、再协议、后动态"的储备物资调用顺序。

在应急状态下，受灾供电企业先组织本单位库存利库，库存满足应急需要的，立即组织配送；库存物资无法满足应急需要的，向上级供电企业请求跨单位的应急物资调配。

相关供电企业在接到应急物资调配指令后，应迅速启动物资配送，并将应急物资保障工作情况实时报送上级供电企业。

跨单位调配应急物资的配送由调出单位组织实施，应急物资需求单位负责接收并做好验收记录。应急物资和配送费用由应急物资需求单位负责支付，调出单位做好配合。

## 7.1.2 应急装备保障

为有效应对突发事件，迅速控制事态发展，最大限度减少人员伤亡及财产损失，在抢险救援行动中，需要各种类型的装备执行不同的应急任务，确保救援工作顺利进行。如应急救援队员的个人防护装备，应急供电照明装备，应急通信装备，运送应急救援

115

人员以及大量的救援器械、救援物资、后勤保障物资等的车辆和船只（见图7-3）；执行建筑物垮塌救援的破拆类特种工器具；执行输电线路或深井（基坑）被困人员救援的工业绳索救援装备（见图7-4）等。

图7-3　应急装备示意图

图7-4　工业绳索救援装备

### 1. 应急救援队员的个人防护装备

为保证应急救援队员的人身安全，保障应急救援队员到达灾害现场后尽快开展救援工作，每一名应急救援队员均应配备必要的个人防护装备和生活用品，其配置表如表7-1。

表7-1　个人防护装备、生活用品配置表

| 序号 | 物资名称 | 规格 | 单位 | 数量 | 备注 |
| --- | --- | --- | --- | --- | --- |
| 1 | 安全帽 | 普通型、头盔型 | 顶 | 1 | 根据工作环境选配 |
| 2 | 登山鞋 | 低帮、高帮 | 双 | 1 | 根据工作环境选配 |

续表

| 序号 | 物资名称 | 规格 | 单位 | 数量 | 备注 |
|---|---|---|---|---|---|
| 3 | 睡袋 | 0℃/-20℃ | 个 | 1 | 按季节选配 |
| 4 | 充气垫 | 自充式 | 个 | 1 | |
| 5 | 头灯 | 含电池 | 个 | 1 | |
| 6 | 太阳镜 | | 副 | 1 | |
| 7 | 套装刀具 | 多用途、一体式 | 套 | 1 | |
| 8 | 雨衣 | 分体式 | 件 | 1 | |
| 9 | 洗漱袋 | 含全套洗漱用品 | 个 | 1 | |
| 10 | 口罩 | 外科、一次性 | 个 | 10 | |
| 11 | 手套 | 防割伤 | 双 | 3 | |
| 12 | 强光电筒 | 充电式 | 个 | 1 | |
| 13 | 保温水壶 | 2L | 个 | 1 | |
| 14 | 背包 | 70～100L | 个 | 1 | |
| 15 | 压缩饼干 | | 盒 | 3 | |
| 16 | 巧克力 | | 盒 | 3 | |
| 17 | 急救包 | | 个 | 1 | |
| 18 | 矿泉水 | | 瓶 | 2 | |
| 19 | 驱蚊驱虫药片 | | 盒 | 1 | |

117

### 2. 应急供电照明装备

（1）应急发电车

应急发电车（见图 7-5）可为救援现场提供电力保障，一般具有发电功率大（可达到 500kW，供 800 户常规用电）、工作时间长等特点，可保障各类建筑的供电，部分车辆还会随车配备可移动的发电机组和照明灯组。

图 7-5　应急发电车

（2）应急照明车

应急照明车（见图 7-6）用于在夜间进行野外作业、应急救援、事故抢修、异常情况处理且无其他照明光源时提供现场移动照明。照明车一般采用金属卤化物灯作为光源，金属卤化物灯的优点是通过发光管内部空气放电作用发光，不存在断丝，使用寿命长。一台照明车由一个车体总成、一个车体立杆、一个或数个灯具组成。车体总成配有 2 ～ 4 个轮子、防倒支架以及作为动力的发电机；车体立杆通过绞盘或液压装置能够升高或降低立杆高度；立杆上放置灯具，每个灯具可以水平方向转动从而向多个方向进行照明。

图 7-6　应急照明车

图 7-7　高机动照明灯塔

（3）高机动照明灯塔

高机动照明灯塔（见图 7-7）通常装载于皮卡车上，探照灯功率为 3×500W（LED），主照明灯功率为 2.7kW，发电机组额定功率为 5kW（最大 5.5kW），具有快速装卸的特点，可在 3 分钟内完成装车，能以最快速度到达现场，适用于各类救援及抢修现场。

（4）新能源供电方舱

新能源供电方舱（见图 7-8）采用汽车级动力电池方案，电池容量为 30kWh，通俗讲就是 30 度电；磷酸铁锂电芯，安全性高、使用寿命长，充放电循环为 2000 次。最大输出功率为 12kW，可满足绝大多数应急救援、抢修、施工现场设备用电需求。采用汽车动力电池供电方案，工作状态 1m 处声音低于 58dB，特别是在城区作业时，能有效解决发电机噪声问题。

图 7-8　新能源供电方舱

### 3. 应急通信装备

通信是应急抢险或救援中十分重要的手段，尤其以卫星通信为主要通信方式。

（1）卫星通信装备

卫星通信由卫星和地球站两部分组成，具有通信范围大、不易受陆地灾害的影响、可靠性高、实时广播、多址通信等特点。卫星通信系统分为固定式卫星站、便携式卫星站、车载式卫星站、卫星电话等。在应急救援中，通常使用动中通卫星站（见图 7-9）、静中通卫星站、便携式卫星站（见图 7-10），固定式卫星站通常作为中心主站使用，卫星电话如铱星、欧星、海事卫星、天通一号作为个人通信装备配备。

图 7-9　动中通卫星站

图 7-10　便携式卫星站

（2）专网通信装备

专网通信技术具有快速组网、灵活可靠、多样性等特点，主要装备包括无线单兵装备、数字对讲装备、短波通信装备等，广泛应用于各行各业，特别是抢险救灾等应急情况。

（3）无人机

无人机已广泛应用于防灾减灾、搜索营救、核辐射探测、资源勘探、国土资源监测、森林防火、气象探测、管道巡检等领域。由于小型无人机的航空特性和大面积巡查的特点，在洪水、旱情、地震、森林大火等自然灾害实时监测和评估方面具备特别优势。

目前，无人机的用途广泛，种类繁多，各具特点，根据不同的结构原理，无人机被分为三类：固定翼无人机、无人直升机、多旋翼无人机，如图 7-11 所示。

固定翼无人机　　无人直升机

多旋翼无人机

图 7-11　无人机示意图

（4）应急指挥车

应急指挥车是用于应急救援现场的移动指挥部，分为会商区和保障区，会商区是由左右舱体扩展形成的可容纳 15 ～ 20 人的工作区域，能满足日常办公和会议的需要；保障区由设备间和卫生间组成，设备间配备了卫星通信系统、视频会议系统、语音融合系统、卫星电视等，实现现场临时指挥部与后方指挥中心音频、视频、数据互联互通，满足远程决策会商、内网办公、收看实时新闻的需求，为应急救援现场提供安全、可靠、功能完备的应急指挥决策场所。应急指挥车外部和内部示意图如图 7-12 所示。

图 7-12　应急指挥车外部和内部示意图

### 4. 运输装备

运输装备是指向救援现场运送救援人员和物资的车辆，一般分为越野车、中巴车、大客车、平板车、皮卡等，可快速运送救援人员和物资到达救援现场。由于大多数救援现场道路损坏或仅有水路可以通行，因此为保证救援现场的人员和物资运输，还应配置适用于复杂地形的水陆两栖越野车、全地形四轮（履带）摩托车（见图 7-13）、越野摩托车等特种车辆，以及用于水域救援的冲锋舟、橡皮艇、摩托艇、气垫船（见图 7-14）等水上运输装备。

图 7-13　全地形履带摩托车　　　　　　图 7-14　气垫船

### 5.野外生活保障装备

野外生活保障装备是指在救援现场担负餐饮保障的特种车辆,配备有炊事装置、卫生洗浴装置和寝卧装置,同时在车上还设置有电气装置(移动电源)、空调装置、供水装置、照明装置、影视装置等,能够适应高温或低温恶劣环境,在野外无补给依托情况下可用于军事、勘探、科研试验,极大方便野外工作人员的饮食起居,使野外工作人员在野外不受气候、地域影响,创造良好、舒适、安心的户外生活条件。但该特种车辆仅能提供少数人员的生活保障,如需为几十甚至上百人的救援队伍提供生活保障,则应配备功能相对单一的保障装备,如炊事车(见图7-15)、净水淋浴车(见图7-16)、住宿方舱等。

图 7-15  炊事车

图 7-16  净水淋浴车

## 7.2　应急队伍保障

应急队伍是应急体系的重要组成部分,应急队伍包括应急指挥队伍、应急管理队伍、应急专家队伍、应急救援队伍和应急抢修队伍。应急指挥人员是在突发事件中进行统筹指挥的管理人员,是企业应急处置的神经中枢;应急管理人员负责日常应急工作开展,包括应急预案、应急演练、应急培训、应急物资等;应急专家队伍为应急管理和突发事件处置提供决策建议、专业咨询、理论指导和技术支持;应急救援队伍负责快速响应,实施突发事件应急救援;应急抢修队伍承担电网设施大范围损毁修复等任务。

### 7.2.1　应急指挥队伍保障

突发事件发生后,往往伴随人身伤亡、电网跳闸、电力设施损坏等事件,为确保事件得到有序、高效的处置,必须要有应急指挥人员统筹指挥,因此应急指挥队伍的建设就显得尤为重要。供电企业应急指挥队伍的建设目标是统一指挥、协调有序、实时把控、权威高效。

**1.应急指挥队伍的组成**

应急指挥队伍主要由总指挥、副总指挥和现场指挥部成员组成。

总指挥是应急处置的第一责任人,通常由供电企业主要负责人担任,对应急处置负主要责任。其职责是:决定应急处置方案;指挥、调度应急力量;统筹调配应急救援物资(包括应急装备、设备等);协调有关单位参与应急处置;协调增派处置力量及增加救援物资。

副总指挥通常由供电企业分管领导担任,职责是协助总指挥开展分管范围内的应急处置工作。

指挥部成员通常由各专业部门主要负责人组成,职责是掌握本部门负责的信息,为总指挥决策提供依据,落实总指挥下达的应急处置任务。

**2.应急指挥人员应具备的条件**

(1)身体健康。

(2)良好的心理素质。

(3)对国家、人民和事业高度的责任感和事业心。

(4)较强的组织、指挥和协调能力。

(5)根据事态发展的趋势快速做出相应决策。

(6)熟悉供电企业实际情况及业务流程,熟悉突发事件应急管理工作及供电企业相关应急资源。

### 7.2.2　应急管理队伍保障

应急管理队伍是应急管理体系中的中枢和导向，应急管理人员通过应急预案编制、应急培训、应急演练、应急评估、应急物资储备、危险源辨识等管理行为，降低突发事件发生的可能性、突发事件造成的后果，加强应急管理队伍建设是提升供电企业应急能力必不可少的环节。

**1. 应急管理队伍的组成**

供电企业应急管理队伍由应急管理部门应急管理人员和各专业部门应急管理人员组成。应急管理人员应从熟知一线的重要生产岗位挑选，以保证应急管理队伍的专业水平，提高整体应急处置能力。

**2. 应急管理人员应具备的条件**

（1）具有良好的政治素质，较强的事业心，遵章守纪。

（2）熟悉应急管理有关法律、法规、政策和标准，熟悉突发事件应急管理工作及基本程序。

（3）具有中级及以上技术职称，有 5 年以上应急管理相关专业领域工作经验，具有较好的电力专业基础知识、较强的工作协调能力。

（4）身体健康，能够认真履行职责，积极参与应急管理工作。

### 7.2.3　应急专家队伍保障

应急专家队伍是应急救援队伍的重要组成部分，在完善应急管理体制、健全应急救援体系、加强预测预警预控、研发应用先进应急救援技术装备，以及有力有序有效开展现场应急救援、事故调查处理和恢复重建等方面发挥着特长优势，为推进应急体系和应急能力现代化建设、维护人民群众生命财产安全提供更加有力的智力支撑。应急专家队伍的建设以提高供电企业应急能力为目标，为企业应急管理和突发事件处置的科学合理、快速有效保驾护航。

**1. 应急专家队伍的组成**

应急专家队伍实行聘任制，由供电企业应急管理部门履行专家聘任手续。聘任程序如下：

（1）推荐。应急管理部门发布应急专家队伍组建通知，有关单位按要求推荐专家人选。

（2）审批。应急管理部门综合评审专家的资格条件、专业背景、履职能力，确定拟聘专家名单，按程序履行审批手续进行资格审核、选拔。

（3）公示。应急管理部门公示拟聘专家名单及个人相关信息资料。

专家每届任期 3 年，可连选连任。任期届满，自动解聘或重新办理有关手续。

专家因身体健康、工作变动等原因不能继续履行职责时，由本人提出申请，经批准后退出专家组；专家不履行职责，不服从管理，连续三次无正当理由不参加专家组正常活动或无故不接受指派任务的，视为自动退出；对在执行救援任务期间，工作不负责任，违反科学，违背客观实际，提供错误结论意见的将给予解聘；对违反国家法律、法规或不遵守有关规章制度的专家将给予解聘。

### 2. 应急专家应具备的条件

（1）具有良好的职业道德，工作认真负责，坚持原则、作风正派、廉洁奉公、团结同志。

（2）熟悉应急管理有关法律、法规、政策和标准，熟悉突发事件应急管理工作及基本程序。

（3）具有中级及以上技术职称，有 5 年以上应急管理相关专业领域工作经验，具有扎实的电力专业基础知识、丰富的事故灾难救援现场经验、较强的指挥协调与决策咨询能力。

（4）身体健康，能够认真履行职责，积极参与应急管理和事故灾难救援工作。

## 7.2.4　应急救援队伍保障

突发事件发生后，供电企业应急救援队伍快速响应并迅速到达救援现场，实施突发事件应急救援，抢救生命，为重要场所提供应急供电保障。供电企业应急救援队伍的建设目标：平战结合、一专多能、装备精良、训练有素、快速反应、战斗力强。

### 1. 应急救援队伍的组成

供电企业应急救援队伍由应急管理部门负责组建和归口管理，队伍属非脱产性质，不单独设置机构。

（1）队伍组建

应急救援队伍一般由灾害易发多发地区发（供）电单位、省会城市供电单位、运行检修单位或工程施工单位组建并负责具体管理，人员主要从组建单位选取，如确有需要也可以从其他基层单位选取少量人员，但需满足队伍快速集结出发的要求。有条件的各级基层单位可以分别组建应急救援队伍。

（2）人员配置

省级应急救援队伍定员 50 人左右，设队长一名，全面负责队伍管理、组织训练和现场救援指挥工作；设副队长两名，协助队长开展工作。其他各级应急救援队伍定员人数，可以根据当地灾情、灾种和历史灾害严重程度确定。

应急救援队伍内部一般分为综合救援、应急供电、信息通信、后勤保障（含新闻宣传）等四组，各组根据人员数量设组长和副组长一至两人。

**2. 应急救援人员应具备的条件**

（1）基本素质

● 年龄：不超过 40 周岁。

● 身高：男性 165 ～ 180cm；女性 158 ～ 170cm（具有特殊技能的人员，年龄、身高可适当放宽）。

● 体重：男性不超过标准体重的 30%，不低于标准体重的 15%；女性不超过标准体重的 20%，不低于标准体重的 15%。标准体重 =（身高 −110）kg。

● 身体和心理健康。

● 具有良好的政治素质，遵守纪律，有良好的品行。

（2）专业技能

通过强化培训，应急救援队伍成员必须熟练掌握应急照明、应急通信、消防灭火、事故救援、卫生急救、营地搭建、现场勘查、高处作业、野外生存等专业技能，熟练掌握所配车辆、舟艇、机具、绳索等的使用方法，建议取得有资质的应急培训机构颁发的应急救援证书。

应急救援队伍要结合所处地域自然环境、社会环境、产业结构等实际，研究掌握其他应急技能。

### 7.2.5　应急抢修队伍保障

应急抢修队伍的建设必须以"有序、规范、快速、安全"开展应急抢修工作为目标，队伍必须严格执行安全工作规程，能够有针对性地落实组织措施、技术措施等安全措施，能够保证应急抢修工作中的人身安全和设备安全，完成电网设施大范围损毁修复等任务，是一支"招之能来、来之即战、战之必胜"的精干队伍。

**1. 应急抢修队伍的组成**

供电企业应根据抢修的电力设施设备的类型，组建相应的专业应急抢修队伍，由设备管理部门归口管理。各电力设备运维单位均应设置应急抢修队伍，并按照抢修现场设备数量及满足抢修任务的要求配置应急抢修人员数量。

**2. 应急抢修人员应具备的条件**

● 具有良好的职业道德，工作认真负责，坚持原则、作风正派、廉洁奉公、团结同志。

● 了解应急抢修任务相关的设备状况、道路状况。

● 熟悉相关工作的技术规范和安全规程，熟悉突发事件应急抢修工作内容及基本程序。

● 熟悉抢修作业施工工艺，熟悉应急抢修方案，能够准确、快速、高质量完成抢修工作。

## 7.3 应急后勤保障

救援任务的顺利完成很大程度上取决于应急后勤保障工作是否及时到位，离开了应急后勤保障，其他各项工作也就会因没有物质基础而寸步难行。因此，加强应急后勤保障工作，对全面提高应急救援能力具有相当重要的作用。

### 7.3.1 后勤管理保障

抢险救灾期间，各单位应做好抢险救灾人数、后勤保障费用的统计工作，严格按照有关财务制度规定，取得合法合规的票据并严格履行审核、验收、审批等手续。

**1. 后勤部门职责**

负责确定住宿和用餐标准；视情况开展住宿、餐饮协调安排，进行食品、生活用品（包括帐篷、床、防潮垫、被褥等）、应急劳保用品、药品等的采购与发放，各类物品发放应提供发放记录，其他部门发生上述支出原则上需经后勤部门审批同意。

**2. 信通部门职责**

负责安装调试应急指挥中心相关设备，启用高清应急、标清应急两套技术系统支持省、地、县三级视频会议，负责卫星电话连接；若应急设备需要紧急调用或采购，应及时向物资部门提出申请。

**3. 党建部门、工会职责**

党建部门负责抢险救灾工作报道，开展保供电、抢险救灾新闻宣传。工会负责抢险救灾慰问品发放的归口管理，包括慰问食品、生活用品、保健品等的采购及发放；其他部门慰问支出原则上需经工会审批同意，慰问品发放应提供发放记录。

**4. 人力资源部门职责**

负责外部劳务发放标准的审核。供电企业各部门外部劳务支出发放标准需报经人力资源部门审批同意，具体人员考勤天数由现场管理部门确认。

**5. 发展部门职责**

负责抢险救灾资本化项目的立项申报管理，及时与上级单位沟通协调，尽快调整项目综合计划，开设应急项目通道。

### 7.3.2 后勤物资、经费保障

#### 1. 事先制定应急救援费用标准

《生产安全事故应急条例》规定，应急救援队伍接到有关人民政府及其部门的救援命令或者签有应急救援协议的生产经营单位的救援请求后，应当立即参加生产安全事故应急救援；应急救援队伍根据救援命令参加生产安全事故应急救援所耗费用，由事故责任单位承担，事故责任单位无力承担的，由有关人民政府协调解决。

为保证应急救援工作的顺利开展，供电企业应事先制定应急救援费用标准，包括人工费、车辆及机械台班费等，并根据实际工作时间按比例上浮。原则上，临时用工收费标准应当与市场临时用工收费水平一致，特殊情况需履行审批流程。

#### 2. 明确归口管理

后勤保障物资采购分别由工会与后勤部门归口管理，工会负责慰问物资的采购、发放，后勤部门负责后勤供应物资的采购、发放。餐费、住宿费、运输费由后勤部门归口管理。

临时用工费用由人力资源部门归口管理，在抢险救灾过程中需要聘用临时用工的，经指挥中心负责人审批同意后聘用，人力资源部门负责审核临时用工标准的合理性。

#### 3. 相关票据、记录齐全

食品、日用品等后勤保障物资购置应当取得正规发票与销售清单，并根据实际编制发放清单，包括具体发放至某个现场或抢修施工队伍、发放数量及领用人、发放人员签字等信息。

餐饮费用应当取得发票及用餐清单，包括用餐对象、用餐人数、人均标准、用餐天数等信息。

住宿费应当取得住宿费发票及住宿情况明细清单，包括人数、天数、住宿房间数量、人均标准等相关信息。

聘用临时用工人员支付工资应当取得正规发票，提供用工说明，用工事项、人数、用工时长等。

## 7.4 应急通信保障

在突如其来的大型自然灾害和公共突发事件面前，常规的通信手段往往无法满足通信需求。由于突发事件往往对供电设备、通信设施、道路设施等造成破坏，时常导致受灾地区通信中断、交通中断，尤其是偏远地区、山区等地，道路交通不发达，不能及时到达现场指挥抢险救灾工作成了一个很突出的问题，无法及时了解受灾地区的受破坏情况，指挥人员就无法快速地组织抢险救灾行动。

应急通信正是为应对自然或人为紧急情况而提供的特殊通信机制，在电力通信、运营商网络设施遭受破坏、性能降低、话务量突增的情况下，采用非常规的、多种通信手段组合的方式来恢复通信能力。应急通信为各类紧急情况提供及时有效的通信保障，是应急综合保障体系的重要组成部分，更是抢险救灾的生命线。

应急通信系统可以将现场画面、语音等传回应急指挥中心，指挥人员不用到达现场即可及时快速处置灾情，实现应急预警、值班，信息报送、统计，辅助应急指挥等功能，满足供电企业应急指挥中心互联互通，以及与地方政府相关应急指挥中心联通要求，完成指挥员与现场人员的高效沟通及信息快速传递，为应急管理和指挥决策提供丰富的信息支撑和有效的辅助手段。

### 7.4.1　自建应急通信保障

#### 1. 固定式通信保障

供电企业应根据电力通信应急通信保障网的建设要求，各 220kV 通信站点配置独立于电力通信网的应急通信装备，在 220kV 通信站点发生通信故障，行政、调度电话中断的情况下，该应急通信装备可临时替代行政、调度电话，作为变电站与应急指挥部、调控中心及其他相关部门联络使用。

220kV 通信站点应全面覆盖应急灾备链路，该链路以运营商网络为支撑，独立于电力通信光缆网络运行，能在电力光缆网络受损的情况下，根据中断业务重要等级，对继电保护、自动化、调度电话等重要业务进行迂回，保障应急期间电网的安全运行。

#### 2. 移动式通信保障

（1）应急卫星通信系统

现场指挥部可配置应急卫星通信系统，该系统与上级高清视频会议系统相连，同时配置单兵系统，可实现现场指挥部、应急指挥中心、应急抢险抢修现场的三方音视频互通。由于该系统以卫星通信为支撑，独立于电力通信系统和运营商通信网络运行，因此可以在电力通信系统严重受损的情况下提供可靠稳定的通信保障。

（2）卫星电话

在电力通信、运营商网络中断或未覆盖区域执行应急作业的应急队伍应配置一定数量的卫星电话，实现现场和指挥中心、调控等相关部门的通信。

（3）天翼对讲系统

该系统为以电信网络为支撑的多方对话系统，可用于应急现场作业指挥。天翼对讲系统终端应发放至相关单位（部门），在应急情况下可随时调用。

### 7.4.2　与运营商应急通信联动保障

应急通信具有时间和地点不确定性、通信需求不可预测性、业务紧急性、网络构建快速性和过程短暂性等特点。为确保在应急情况下电力设备的安全运行、应急抢修现场的通信通畅，供电企业可与移动、电信、联通等运营商建立联合应急网络。

特别是沿海地区，在汛期经常受到热带气旋及强对流天气影响，恶劣天气往往会对电力设施及通信网络造成严重影响，电力及通信行业在应急处置过程中，需要建立应急联动机制，提高行业间应急联动处置能力，实现供电企业与通信行业快速响应、共享资源、相互支援、共同协作，最大限度地减轻和消除突发事件对行业及社会造成的危害和影响。供电企业与运营商应签订应急联动协议，明确双方应急联动的职责、供电企业及通信行业需要相互重点保障的目标和需求、应急资源信息台账、信息沟通平台及发布方式、应急预警行动、应急响应处置流程等。在应急情况下，运营商依据供电企业需求，根据自身技术和设备情况，优先为供电企业提供卫星电话、应急通信车辆等支撑。

## 7.5　其他保障

### 7.5.1　应急安全保障

参加应急救援与处置工作，必须坚持"安全第一"。从事供电企业应急救援与处置工作的人员，大都为供电企业内部职工或者与供电企业密切相关的人员，所开展的工作应遵从供电企业的安全生产工作规程。充分发挥监督体系的安全监督责任和保障体系的安全主体责任，两手齐抓，确保救援现场各项安全工作"可控、能控、在控"。

开展应急救援与处置时，应按照"管业务必须管安全""谁实施谁负责"的原则建立安全监督与保障机制，设立安全监督组和安全保障组，具体负责抢险抢修现场安全监督和管理工作。

安全保障组织结构示意图如图 7-17 所示。

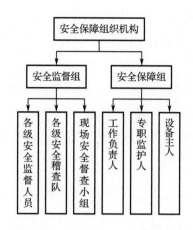

图 7-17 安全保障组织结构示意图

### 1. 安全监督组的职责

（1）贯彻落实有关灾后应急救援与处置的法规。

（2）统一指挥灾后抢险抢修现场安全监督管理应急工作。

（3）监督灾后抢险抢修工作中安全技术措施和组织措施的落实。

（4）统一领导抢险抢修现场安全保障组、现场安全监督组的安全监督管理工作。

（5）督促落实现场指挥部做出的决策和部署。

（6）及时掌握灾后抢险抢修现场的安全保障情况，并向现场指挥部汇报。

（7）总结分析抢险抢修现场安全情况，对存在的问题及时制定防范措施并在下阶段的抢险工作中加以落实。

### 2. 安全保障组的职责

（1）应急队伍现场工作负责人、专职监护人职责

① 掌握抢险抢修现场安全状况。

② 对现场采取防触电、防倒杆、防高空坠落等安全措施到位情况严格监督。

③ 检查现场劳动防护措施的落实情况，监督工作人员规范使用劳动防护用品。

④ 做好抢险抢修过程中现场监护，及时制止不安全行为。

⑤ 严格各项安全管理制度的规范执行。

⑥ 检查现场人员对每天的工作任务和安全要求的落实情况。

⑦ 每天对现场安全工作认真总结分析，对遇到的问题及时协调解决。

（2）设备主人职责

① 做好抢险抢修现场电网接线情况、设备带电情况等作业条件和工作环境的安全交底。

② 协助应急队伍做好现场安全措施，做好停送电的联系配合和工作许可、调度汇报等工作。

③ 配合并解决抢险抢修过程中碰到的问题。

### 7.5.2 应急资金保障

供电企业应将应急体系建设所需的资金纳入年度资金预算，建立健全应急保障资金投入机制，以适应应急队伍、装备、交通、物资储备等方面建设与更新维护资金的要求，保证抢险救灾、事故恢复及灾后重建所需的资金投入。

#### 1. 应急资金保障的原则

在突发事件预警准备、灾害发生、抢险救灾、后续处置过程中，应树立全员、全过程价值管理理念，有序开展各项工作，坚持以下基本原则。

（1）坚持特事特办，全力做好资金保障的原则。坚持财务服务于业务的原则，特殊事项特殊处理，严格按照抢险救灾财务应急预案做好资金筹措、预算调整、费用报销等工作，确保抢险救灾工作有序开展。

（2）坚持应赔尽赔，切实降低资产损失的原则。牢固树立风险管理、资金时间价值理念，迅速响应风险预警，保险公司、财务、设备管理及其他业务部门协同做好资产损失统计、现场取证等工作，确保资产损失应赔尽赔。

（3）坚持依法合规，确保风险可控在控的原则。各单位设备管理、物资、后勤、财务、审计等专业部门应加强抢险施工、物料、后勤管理和监督，及时、安全、完整地取得、保管、传递各类资料，确保原始凭证合法合规，有效防范经营风险。

#### 2. 应急资金保障工作要求

（1）明确财务应急保障管理员

财务部门作为抢险救灾支出、财产保险理赔的归口管理部门，为保障抢险救灾工作有序、高效的开展，应指定一人作为财务应急保障管理员，负责协调突发事件财务应急保障工作，联络各对口专业部门，并协调做好本企业各专业部门的财务应急保障联络工作。

（2）明确保险理赔专员

供电企业各级财务部门应指定专人负责保险理赔工作，上级单位财务部门接到预警通知后，应及时通知下级单位，协同做好受损资产统计、现场损失记录、出险报案等工作。督促突发事件相关部门及时对受损资产进行拍照或摄像，留下证据，填写现场损失记录单。

（3）视情况成立现场技经财务组

根据突发事件的损失程度，视情况成立现场技经财务组，做好现场应急指挥部、应急办公室等财务保障服务工作，指导受灾单位开展物料出入库、后勤保障、资料移交、费用结算等财务管理工作，及时解决应急抢险抢修工作中的财务相关问题，保障抢险救灾工作顺利开展。

### 7.5.3　应急医疗保障

现场应急救护是指在各类突发事件的现场（如工作场所、家庭、公共场所等医院外的各种环境中），对伤员实施及时、先进、有效的初步救护。抢救危重病人最重要的时刻即是病人晕倒后的几分钟、十几分钟，医学上称为"救命的黄金时刻"，为了能够使伤员转危为安，正确的现场应急救护程序十分重要。在医院外的环境下，"第一目击者"可对伤员实施有效的初步紧急救护措施，以挽救生命，减轻伤残和痛苦，防止伤情恶化。现场及时正确的救护，能为医院救治创造条件，能最大限度挽救病人的生命和减轻伤残。

供电企业员工应具备必要的应急救护知识，学会紧急救护的基本方法，掌握心肺复苏术以及常见外伤处置（止血、包扎、固定、搬运）等基本技能。

### 7.5.4　应急新闻保障

为有效应对如今复杂的新闻舆论环境，供电企业要健全舆情风险管理的机制，完善危机公关组织。在意识水平、危机引导策略库、危机管理决策支持系统、舆情事件处置和信息公开机制等方面，还需开展专项建设工作，在人才培养、队伍建设等方面实现突破，还需要不断借鉴其他优秀同类企业应对和管理舆情危机的经验，持续提升管控舆情危机的能力。

#### 1. 建立健全舆情危机管理组织机构

供电企业要做好舆情管理和危机公关工作，首先要有专门的组织机制，并从各部门获得最大支援。一是成立舆情控制组织机构，建立新闻发布机制和组织指挥体系；二是明确组织机构的专业分工，设立新闻发言人和谈判专家；三是构建立体化宣传网络；四是建立互联网信息安全管理机制，把舆论引导与舆论监管相结合，用正面声音挤压有害信息传播空间，及时删除各种歪曲事实、煽动激化矛盾的有害信息。

#### 2. 健全舆情危机管理程序

健全的组织机构是舆情管理的基础，在此基础上建立舆情危机处理的程序，使危机处理体系化，当危机发生时处理及时、迅速、正确，不再手忙脚乱。

#### 3. 健全舆情危机应对机制

虽然舆情危机处理在萌芽时期是最好的，但并不是所有的危机都是可以预警的。因为危机具有不可预见性和不确定性，试图每一次都实现危机预警是非常困难的，所以企业要做好应对突发危机的准备。

### 7.5.5 应急心理保障

在重大事故救援的过程中，人们更多考虑的是如何救援被困人员，降低财产损失，而对应急救援人员自身的心理健康问题重视程度不够。然而，大量的调查结果证实，由于缺乏充分的应急心理，以及救援环境恶劣，加之替代性创伤的影响，在救援任务结束后，参与重大事故救援的人员往往会出现闯入性回忆、回避和恐惧等症状。而且，部分应急救援人员的心理伤害会持续很长时间。应急救援人员的心理伤害如果被忽略或者得不到及时有效的心理救助，往往会不断加重，直至出现较为严重的心理应激障碍。

应急救援人员的心理伤害不仅会影响其生活，更不利于救援任务的完成。因此，加强应急救援人员的心理伤害预防，进行心理干预调适，可以帮助应急救援队员在短期心理失衡时进行调适，以良好的心态和饱满的热情继续投入到救援工作中，为快速、高效地完成应急救援任务提供心理保障。

**1. 应急救援人员心理伤害的预防方法**

**（1）提高应急救援人员选拔标准**

选拔心理素质和应对能力强的应急救援人员，能够有效降低重大事故救援中对心理的不良影响。

**（2）提升应急救援人员培训质量**

提升应急救援人员培训质量主要从业务素质培训、心理素质培训以及心理救助技巧培训三方面进行。

① 业务素质培训。主要是提高应急救援人员的业务熟练程度、队员间的默契度，保证其能够在最短时间内采取有效的措施实施救援，缩短救援时间，降低心理伤害。

② 心理素质培训。心理素质是个体心理健康的内源性因素，它对心理健康水平具有直接效应和调节效应。应急救援人员心理素质对抢险救援工作有着至关重要的影响，应该通过心理教育、心理辅导以及应急演练促进应急救援人员掌握心理学相关知识，增强心理调节能力及应对危机的能力，预防和降低应激反应的发生。

③ 心理救助技巧培训。对应急救援人员进行必要的心理救助技巧培训，使其掌握基本的心理自救技巧和他救技巧，在事故救援过程中，可以进行心理自救，还可以对被救人员及其他心理受影响较大的应急救援人员进行心理救助，从而有效应对重大事故，降低心理恐惧感，提高救援的有效性。

**（3）救援任务前的心理支持**

在执行救援任务前，应急救援人员应对救援任务及重大事故的类型有一定认识，对可能出现的应急情况做出适当的推测。在开展救援任务前应详细介绍救援任务情况，指出可能发生的情况以及针对不同情况的具体做法，告知救援人员如何进行心理自我调节，避免出现不知所措的情况，避免造成心理恐慌。

**2. 应急救援人员心理伤害的疏导**

（1）创造安全环境，满足应急救援人员情绪宣泄需求

救援任务结束后，首先要为应急救援人员创造安全的环境，满足应急救援人员的相关需求，使其真正做到放松自己，并让他们充分宣泄自己的情绪。

（2）畅通沟通渠道，引导应急救援人员积极应对心理伤害

采取适当的沟通技巧，通过倾听和沟通了解应急救援人员心理状况，了解其心理伤害的程度及发展方向，提供合理的应对技巧，帮助应急救援人员积极应对心理伤害，引导应急救援人员尽快恢复心理正常。

（3）开展救援总结，提升应急救援人员的心理应急能力

在应急救援人员心理伤害恢复以后，开展事故救援总结，对救援经验及教训、心理伤害及应对方法等进行总结分析，从而增加救援人员的心理知识，提升其应对心理伤害的应急能力。

# 第8章 监测预警与应急响应

## 8.1 监测与预警

监测是对电力突发事件的征兆、动态以及对电力系统运行状态的影响等进行监视和观测的行动。预警是根据对电力突发事件以及电力系统运行的监测信息，通过分析与评估，预测电力突发事件发生的时间、地点和强度，并依据预测结果在一定范围内发布相应警报的行动。

监测与预警是指在突发事件即将发生或者已经发生时对其可能或已经产生的相应危害进行监视观测和分析评估的过程，是应急工作正式启动的第一个关口。在突发事件"将发未发、一触即发"的窗口期，做好动态监测、准确研判、实时发布警示信息，提醒相关人员做好防范，可以最大限度地避免或减少危害。这个过程要求信息的有效流通、资源的合理调配、风险的准确预判和分析。

### 8.1.1 监测与预警原则

#### 1. 及时性原则

及时性原则就是在突发事件发生之前或发展过程中，通过监测，及时识别存在的各种威胁，即："出现即发现"，在此基础上，采取适当的措施快速发出警报；即："发现即发布"，敦促相关单位和公众采取行动；即："发布即发动"，避免突发事件的发生或者最大限度地减轻突发事件的影响。由于突发事件具有突然发生、迅速发展的特征，如果不能及时发现潜在的风险并传递警情，就不能为公众提前采取响应措施赢得宝贵的时间，其存在也就失去了意义和价值。因为预警信息尚未发出，突发事件很可能已经大规模爆发，很多有效措施根本来不及采取，也不可能实施防控，监测与预警就没有发挥任何作用。在获取突发事件的信息之后，要迅速做出分析、判断并及时向社会发出预警。

### 2. 准确性原则

准确性原则就是监测得出的突发事件发生的可能性和危害性的判断必须准确无误，警报表达的突发事件的相关信息必须准确无误。能否准确发布预警信息，将决定整个应对工作的成败。必须从客观实际出发，分析突发事件相关因素之间的本质联系以及突发事件的演化、发展趋势，在极短的时间内对应急信息进行评估、分析并形成科学、准确的判断，进行准确的报警。警报一旦发出，相关部门和公众采取应对措施，就产生了一定的成本。如果预警不准确，付出的成本就不会带来预期的效果。长此以往，公众对监测与预警的信任度就会降低，进而导致人们对预警信息的熟视无睹，监测预警机制将名存实亡。同时，也将极大影响政府的威信。负有预警职能的部门要在最短的时间内对应急信息进行科学的评估、分析，并形成准确的预测结果向社会公布。

### 3. 全面性原则

全面性原则就是要充分利用各种方法和手段进行监测，预警信息必须覆盖所有受到影响的公众，不能顾此失彼。在突发事件中，损失的降低程度通常与获得警报的人数成正比。为此，在预警信息的传播中，要调用多样化的信息传递渠道，不仅要运用现代化的信息手段，如广播、电视、互联网、手机等，也要兼顾传统的预警方式，如高音喇叭、鸣锣敲鼓、奔走相告等。同时，传播预警信息要特别关注弱势群体，如果正确的预警信息不能及时全面地传递给目标公众，那么监测与预警的效果就会大打折扣。

### 4. 公开性原则

不得隐瞒或者缩小，应当客观、如实地向公众发布所有有利于应急工作的信息。既有利于公众及时了解突发事件的性质、范围和危险程度，及时采取自救和互救措施，也有利于政府获得公众对应急工作的理解、支持和配合，保障应急工作的顺利开展。应急预警信息一旦失去了公开性，必定会造成谣言四起，社会恐慌，大大加剧突发事件所造成的危害。《中华人民共和国突发事件应对法》规定，无论是对上级部门和其他部门，还是社会公众，均应提供真实、客观的信息，要定时向社会发布与公众有关的突发事件监测信息和分析评估结果，及时按照有关规定向社会发布可能受到突发事件危害的警告。

供电企业在应急处置中的监测预警，具体来说，包括在应急处置全过程中对风险源的实时监测、对监测数据的分析评估、依据对监测数据的分析评估形成风险预警、根据预警实施响应情况以及监测情况决定是否启动应急响应，直至应急响应结束。其中对风险源的实时监测应贯穿应急处置的全过程。

## 8.1.2 风险监测

供电企业风险监测是对突然发生，造成或者可能造成人员伤亡、电力设备（设施）损坏、大面积停电、环境破坏等危及电力行业及社会公共安全稳定，需要采取应急处置措施予以应对的自然灾害、事故灾难、公共卫生事件和社会安全事件这类电力突发事件的征兆、动态以及对电力系统运行状态的影响等进行监视和观测的行动。

《突发公共卫生事件应急条例》第十五条规定，监测与预警工作应当根据突发事件的类别，制定监测计划，科学分析、综合评价监测数据。为此，风险监测是以风险源为基础，根据电力突发事件以及收集的风险监测数据，从不同维度进行综合研判评估，进行危害分析，确定事态发展的态势和应该采取的防控措施。

即供电企业应分析评估实时或超短期内可能影响供电企业设备安全稳定运行的事件或因素对电网运行的危害，并持续监测供电企业设备的运行数据，基于监测数据生成风险场景，并进行指标计算和风险评估。这个过程可以利用计算机图形学和图像处理技术，将数据转换成图形或图像并在屏幕上进行显示和交互处理，即利用可视化方式对风险评估结果进行展示，将风险信息和防控措施告知供电企业，为企业决策提供帮助。

电网运行风险等重大电力突发事件的先期监测评估过程，是形成相应风险预警的基础，以及应急响应和处置的前期环节，可以有效指导供电企业开展风险预警和应急响应启动和过程实施。

风险监测、评估和可视化流程图如图 8-1 所示。

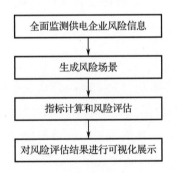

图 8-1　风险监测、评估和可视化流程图

### 1. 供电企业风险监测工作内容

供电企业应结合本单位实际，开展风险源监控工作，具体包括如下内容。

（1）供电企业应利用调度、设备监测等技术手段，对可实施预警的突发事件进行风险监测、辨识、分析和隐患排查，明确本单位各项风险预控措施。并应明确以下内容：

①风险监测的责任部门或人员。

②风险监测的方法、监测范围和监测频次。

③ 预警信息收集渠道及责任部门或人员。

④ 风险监测及预警信息的报告程序。

（2）应建立与政府专业部门的沟通协作和信息共享机制。

（3）应急领导小组确认可能导致突发环境事件的信息后，要及时研究确定应对方案，通知有关部门和单位采取相应措施预防事件发生。

**2. 供电企业风险监测类别**

（1）自然灾害：因气象灾害、地质灾害、海洋灾害、生物灾害、森林或草原火灾等自然因素造成电力从业人员、电力设备（设施）、生态环境等损害的事件或现象。

（2）事故灾难：包括但不限于人身事故、设备事故、电网事故、通信系统事故、网络与信息事故、环境污染、大坝垮塌等电力生产过程中发生的各类事故。

（3）公共卫生事件：因传染病疫情或不明原因的群体性疫病、重大食物中毒、职业中毒等因素造成的危害电力行业从业人员健康安全的事件。

（4）突发群体事件：突然发生的、有一定人数参加的，通过没有法定依据的行为对电力设备（设施）安全或正常供电秩序造成影响的事件。

**3. 供电企业风险监测数据来源**

（1）量测数据：指电网、电厂、变电站及交流线路、直流线路、机组、母线、变压器、断路器、并联电容器、并联电抗器等一次设备相关的电力数据。量测数据来源于电网调度控制系统。

（2）电量数据：指电网、发电厂、直流输电系统、断面以及发电机、变压器绕组、交流线路、电容器、电抗器等一次设备相关联的电表测量值、功率积分值或人工填写的报表值。电量数据来源于电网调度控制系统。

（3）故障与运行事件数据：包括设备故障、设备缺陷、设备停电和负荷控制数据。故障与运行事件数据主要来源于电网调度控制系统。

（4）告警数据：主要指告警日志，包括告警信号、开关或刀闸位置变化、母线电压、线路电流或变压器功率越过限值等。告警数据来源于电网调度控制系统。

（5）计划预测数据：指电网、电厂以及交流线路、直流线路、机组、母线等一次设备相关的负荷预测和电能计划数据。计划预测数据来源于电网调度控制系统。

（6）外部环境数据：包括大风、气温、台风、冰灾、雷电、暴雨、山火、沙尘、鸟害、洪水、地震、疫情、网络攻击、人为破坏等。外部环境数据主要来源于气象信息系统、台风预测系统等。

由于电力系统具备技术密集和智能化、自动化程度高等特点，同时多数的电力系统设备在户外的暴露程度高，自然界的多种灾害都会对电力系统及其设备造成重大影响，影响其正常供电或导致电力供应中断，因此供电企业风险监测数据具有其特有的高度复杂性，既包含了如大面积停电事件、大坝垮塌、水淹厂房、灰坝垮塌、全厂对外停电等供电企业内部监测数据，也包含了自然灾害、公共卫生事件、事故灾难等外部监测数据。

通过上述场景、内容、类型和来源对电网设备风险数据（含以一定频率更新的实时数据和历史数据）进行全面监视和监测预警，实现对突发事件影响电网情况进行分析与预测；对突发事件造成用户停电情况进行分析与预测；对自然灾害发展趋势进行分析与预测。

供电企业内部监测数据和外部监测数据更新频率如表 8-1 和表 8-2 所示。

表 8-1　供电企业内部监测数据更新频率

| 序号 | 数据名称 | 数据内容 | 更新频率 |
|---|---|---|---|
| 1 | 电网负荷 | 单位、负荷时间、用电负荷 | 实时 |
| 2 | 电网损失负荷 | 单位、统计时间、损失负荷 | 实时 |
| 3 | 变电站基础信息 | 变电站名称、电压等级、所属单位、值守类型、主变压器台数、主变压器容量、责任人、经纬度 | 1 月 |
| 4 | 变电站停运（恢复）情况 | 变电站名称、电压等级、所属单位、停运时间、恢复时间、停运原因 | 1 小时 |
| 5 | 线路基础信息 | 线路名称、起始站点、结束站点、电压等级、管理单位、杆塔数 | 1 月 |
| 6 | 线路停运（恢复）情况 | 线路名称、电压等级、停运时间、恢复时间、停运原因 | 1 小时 |
| 7 | 杆塔基础信息 | 所属线路、杆塔号、所属单位、回路数量、杆塔材质 | 1 月 |
| 8 | 杆塔受损（恢复）情况 | 所属线路、杆塔号、所属单位、故障时间、恢复时间、故障原因、故障类型 | 1 小时 |
| 9 | 配电台区基础信息 | 台区名称、所属线路、所属单位、台区类型 | 1 月 |
| 10 | 配电台区停（复）电情况数据 | 台区名称、所属线路、所属单位、停电时间、复电时间、停电原因 | 1 小时 |
| 11 | 电力用户基础信息 | 用户名称、用户地址、所属台区、供电单位、电压等级、供电类型、用户类型、重要用户级别 | 1 月 |
| 12 | 电力用户停（复）电情况 | 用户名称、所属台区、供电单位、停电时间、复电时间、电压等级、用户类型、重要用户级别 | 1 小时 |
| 13 | 物资仓库信息 | 仓库名称、所属单位、仓库地址、经纬度 | 1 月 |
| 14 | 物资（装备）信息 | 名称、类别、数量、计量单位、所属仓库、所属单位、最小库存、实际库存 | 实时 |
| 15 | 应急车辆信息 | 车辆牌号、车辆类型、所属单位、车龄、驾驶员、驾驶员联系方式、车辆状况、车辆位置 | 实时 |
| 16 | 重点场所视频监控信息 | 场所名称、场所类别、场所实时视频画面 | 实时 |

表 8-2　供电企业外部监测数据更新频率

| 序号 | 数据名称 | 数据内容 | 更新频率 |
|---|---|---|---|
| 1 | 天气预报 | 城市名称、预报日期、最高温度、最低温度、风力、风向、降水 | 12 小时 |
| 2 | 天气实况 | 气象站名称、所在城市、预报日期、温度、湿度、风力、风向、降水、强对流天气现象 | 实时 |
| 3 | 自然灾害预警信息 | 预警类型、预警级别、预警发布时间、预警解除时间、预警发布单位、预警范围、预警内容 | 实时 |
| 4 | 卫星云图 | 数据时间、卫星名称、矢量卫星云图 | 1 小时 |
| 5 | 台风信息 | 台风名称、编号、开始编码日期、预报时段、台风中心经纬度、台风中心气压、台风中心最大风速、7 级风圈半径、10 级风圈半径、12 级风圈半径、台风移动速度、台风移动方向 | 1 小时 |
| 6 | 水情信息 | 流域名称、降雨量、洪涝灾害预警信息、洪涝灾害发展情况、影响区域 | 实时 |
| 7 | 雨雪冰冻信息 | 影响范围、降雪深度、覆冰厚度 | 实时 |
| 8 | 地震 | 震中位置、震级、烈度、震源深度、发震时间、影响区域 | 实时 |
| 9 | 地质灾害 | 降雨量、地质灾害预警信息、影响区域 | 实时 |
| 10 | 雷电信息 | 时间、地点、雷电流幅值、雷电极性、回击次数 | 实时 |
| 11 | 山火信息 | 时间、火点位置 | 实时 |
| 12 | 舆情信息 | 舆情事件、舆情消息名称、舆情消息内容、消息来源、发布日期、发布单位、关键字 | 实时 |
| 13 | 交通信息 | 道路信息、路况信息、交通视频 | 实时 |
| 14 | 公共卫生信息 | 公共卫生事件名称、预计影响范围、公共卫生事件内容 | 实时 |

## 8.1.3　预警发布

### 1.预警发布条件

（1）突发事件的风险监测评估达到相对应的预警级别。

（2）政府新闻媒体公开发布的预警信息。

（3）上级应急管理部门公布或告知的预警信息。

（4）所属单位上报并经应急领导小组批准的预警信息。

（5）应急管理部门对危险源监控数据进行判断，报应急领导小组批准的预警信息。

预警发布后，供电企业应组织分析、研判事件的紧急程度和发展态势，传达预警指令。明确预警发布后立即开展应急响应准备工作，包括队伍、物资、装备、后勤、通信、紧急消缺以及相关部门的应急准备与预防措施。按照应急领导小组的要求，落实强化"专业协同、网源协调、供用协助、政企联动"预警响应控制措施，跟踪报告突发事件应急处置动态，有效提升应急管控质量和实效。

### 2.预警发布原则

供电企业按照"分级预警、分层管控"原则，通过一定途径规范地面向特定对象发布预警级别及相关信息和预警措施的行为称为预警发布。

### 3. 预警执行要求

（1）监测收集

供电企业各部门、机构、各单位开展预警信息监测预报，分析研判后，在30分钟内报送供电企业本单位应急指挥中心。

① 供电企业应急部门、其他各部门、机构跟踪监测专业管理范围内的自然灾害、设备运行、客户供电等信息，与政府部门、社会机构建立信息共享和沟通协作机制，获取有关气象、地质、洪涝、森林草原火情、突发环境事件等方面的预警信息。

② 供电企业各单位相关部门充分利用应急指挥信息系统、调度自动化系统、设备在线监测系统、营销系统等各种技术手段，开展信息监测、辨识、分析，向本单位应急指挥中心、上级单位专业管理部门报告，由专项应急办组织对预警信息可能造成的影响进行研判。

③ 供电企业防灾减灾中心，覆冰、山火、雷电、舞动、台风和地质灾害监（预）测预警中心等应加强灾害监测，做好短期、中期、长期灾害预报，及时报送供电企业应急指挥中心和设备部、调控中心等专业部门。

④ 供电企业各单位应急指挥中心监测自然环境、电网状态、设备环境、用户供电、新闻舆情风险信息，收集、跟踪政府部门及公司相关部门、单位、机构的预警信息。

（2）信息分析梳理

供电企业各单位应急指挥中心在接到相关预警信息后应立即对照预警研判分级条件（见表8-3）开展分析，初步研判预警响应等级，起草预警通知（预警响应指令），并将可能受影响的设备设施和用户清单，于10分钟内报送供电企业相应的安全应急部门和专项应急办进行审核评估。

表8-3 供电企业预警研判分级条件

| 一、台风 |
| --- |
| 1. 红色预警 |
| （1）供电企业总部： |
| ① 中心最大风力16级以上的超强台风在未来24小时内影响或登陆供电企业经营区域。 |
| ② 中心最大风力12级以上的台风在未来12小时内影响两个及以上省公司。 |
| （2）供电企业省公司及以下：属地气象部门发布台风红色预警或预警信号。 |
| 2. 橙色预警 |
| （1）供电企业总部： |
| ① 中心最大风力16级以上的超强台风在未来48小时内影响或登陆供电企业经营区域。 |
| ② 中心最大风力12级以上的台风在未来24小时内影响两个及以上省公司。 |
| ③ 中心最大风力10级以上的热带风暴在未来12小时内影响两个及以上省公司。 |
| （2）供电企业省公司及以下：属地气象部门发布台风橙色预警或预警信号。 |

3. 黄色预警

（1）供电企业总部：

① 中心最大风力 16 级以上的超强台风，在未来 72 小时内影响或登陆供电企业经营区域。

② 中心最大风力 12 级以上的台风在未来 48 小时内影响两个及以上省公司。

③ 中心最大风力 10 级以上的强热带风暴在未来 24 小时内影响两个及以上省公司。

（2）供电企业省公司及以下：属地气象部门发布台风黄色预警或预警信号。

4. 蓝色预警

（1）供电企业总部：中央气象台发布台风蓝色预警，影响两个及以上省公司。

（2）供电企业省公司及以下：属地气象部门发布台风蓝色预警或预警信号。

二、暴雨

1. 红色预警

（1）供电企业总部：中央气象台发布暴雨红色预警，影响公司经营区域。

（2）供电企业省公司及以下：属地气象部门发布暴雨红色预警或预警信号。

2. 橙色预警

（1）供电企业总部：中央气象台发布暴雨橙色预警，影响公司经营区域。

（2）供电企业省公司及以下：属地气象部门发布暴雨橙色预警或预警信号。

3. 黄色预警

（1）供电企业总部：中央气象台发布暴雨雪黄色预警，影响公司经营区域。

（2）供电企业省公司及以下：属地气象部门发布暴雨黄色预警或预警信号。

4. 蓝色预警

（1）供电企业总部：中央气象台发布暴雨蓝色预警，影响公司经营区域。

（2）供电企业省公司及以下：属地气象部门发布暴雨蓝色预警或预警信号。

三、强对流天气

1. 橙色预警

供电企业总部：中央气象台发布强对流天气橙色预警，影响公司经营区域。

2. 黄色预警

供电企业总部：中央气象台发布强对流天气黄色预警，影响公司经营区域。

3. 蓝色预警

供电企业总部：中央气象台发布强对流天气蓝色预警，影响公司经营区域。

四、寒潮预警

1. 红色预警

供电企业省公司及以下：属地气象部门发布寒潮红色预警或预警信号。

2. 橙色预警

（1）供电企业总部：中央气象台发布寒潮橙色预警，影响公司经营区域。

（2）供电企业省公司及以下：属地气象部门发布寒潮橙色预警或预警信号。

3. 黄色预警

（1）供电企业总部：中央气象台发布寒潮黄色预警，影响公司经营区域。

（2）供电企业省公司及以下：属地气象部门发布寒潮黄色预警或预警信号。

4. 蓝色预警

（1）供电企业总部：中央气象台发布寒潮蓝色预警，影响公司经营区域。

（2）供电企业省公司及以下：属地气象部门发布寒潮蓝色预警或预警信号。

五、暴雪预警

1. 红色预警

（1）供电企业总部：中央气象台发布暴雪红色预警，影响公司经营区域。

（2）供电企业省公司及以下：属地气象部门发布暴雪红色预警或预警信号。

2. 橙色预警

（1）供电企业总部：中央气象台发布暴雪橙色预警，影响公司经营区域。

（2）供电企业省公司及以下：属地气象部门发布暴雪橙色预警或预警信号。

3. 黄色预警

（1）供电企业总部：中央气象台发布暴雪黄色预警，影响公司经营区域。

（2）供电企业省公司及以下：属地气象部门发布暴雪黄色预警或预警信号。

4. 蓝色预警

（1）供电企业总部：中央气象台发布暴雪蓝色预警，影响公司经营区域。

（2）供电企业省公司及以下：属地气象部门发布暴雪蓝色预警或预警信号。

六、地质灾害

1. 红色预警

（1）供电企业总部：国家发布地质灾害红色预警，公司经营区域可能发生人身伤亡、特高压变电站（换流站）和重要输电断面等重要设备设施损坏、电网设备设施大范围特别严重损坏。

（2）供电企业省公司及以下：属地规划和自然资源部门发布地质灾害红色预警。

2. 橙色预警

（1）供电企业总部：国家发布地质灾害橙色预警，公司经营区域可能发生人身伤亡、特高压变电站（换流站）和重要输电断面等重要设备设施损坏、电网设备设施大范围严重损坏。

（2）供电企业省公司及以下：属地规划和自然资源部门发布地质灾害橙色预警。

3. 黄色预警

（1）供电企业总部：国家发布地质灾害黄色预警，公司经营区域可能发生人身伤亡、特高压变电站（换流站）和重要输电断面等重要设备设施损坏、电网设备设施大范围较严重损坏。

（2）供电企业省公司及以下：属地规划和自然资源部门发布地质灾害黄色预警。

4. 蓝色预警

（1）供电企业总部：国家发布地质灾害蓝色预警，公司经营区域可能发生人身伤亡、特高压变电站（换流站）和重要输电断面等重要设备设施损坏、电网设备设施大范围损坏。

（2）供电企业省公司及以下：属地规划和自然资源部门发布地质灾害蓝色预警。

七、山火

1. 红色预警

（1）供电企业总部：单个省公司当日监测山火热点数大于等于 300 个；或重要输电通道、重要跨区输电通道附近山火热点数大于等于 100 个。

（2）供电企业省公司及以下：属地气象、应急部门发布森林火险红色预警。

2. 橙色预警

（1）供电企业总部：单个省公司当日监测山火热点数大于等于 200 个，且小于 300 个；或重要输电通道、重要跨区输电通道附近山火热点数大于等于 100。

（2）供电企业省公司及以下：属地气象、应急部门发布森林火险橙色预警。

3. 黄色预警

（1）供电企业总部：两个省公司当日监测山火热点数大于等于 100 个，且小于 200 个。

（2）供电企业省公司及以下：属地气象、应急部门发布森林火险黄色预警。

4. 蓝色预警

（1）供电企业总部：两个省公司当日监测山火热点数大于等于 50 个，且小于 100 个。

（2）供电企业省公司及以下：属地气象、应急部门发布森林火险蓝色预警。

八、覆冰预警

1. 红色预警

（1）供电企业总部：预测两个及以上省公司区域平均覆冰厚度超过 30mm，或者未来 10 天覆冰持续增长。

（2）供电企业省公司及以下：预测辖区内平均覆冰厚度超过 30 mm，或者未来 10 天覆冰持续增长。

2. 橙色预警

（1）供电企业总部：预测单个省公司区域平均覆冰厚度超过 30 mm，或者未来 10 天覆冰持续增长；预测两个及以上省公司区域平均覆冰厚度达到 21～30 mm，或者未来 7 天覆冰持续增长。

（2）供电企业省公司及以下：预测辖区内平均覆冰厚度达到 21～30mm，或者未来 7 天覆冰持续增长。

3. 黄色预警

（1）供电企业总部：预测单个省公司区域平均覆冰厚度达到 21～30mm，或者未来 7 天覆冰持续增长；预测两个及以上省公司区域平均覆冰厚度达到 11～20 mm，或者未来 5 天覆冰持续增长。

（2）供电企业省公司及以下：预测辖区内平均覆冰厚度达到 11～20mm，或者未来 5 天覆冰持续增长。

4. 蓝色预警

（1）供电企业总部：预测单个省公司区域平均覆冰厚度达到 11～20mm，或者未来 5 天覆冰持续增长；预测两个及以上省公司区域平均覆冰厚度达到 5～10 mm，或者未来 3 天覆冰持续增长。

（2）供电企业省公司及以下：预测辖区内平均覆冰厚度达到 5～10mm，或者未来 3 天覆冰持续增长。

九、大风

1. 红色预警

供电企业省公司及以下：属地气象部门发布大风红色预警或预警信号。

2. 橙色预警

供电企业省公司及以下：属地气象部门发布大风橙色预警或预警信号。

3. 黄色预警

供电企业省公司及以下：属地气象部门发布大风黄色预警或预警信号。

4. 蓝色预警

供电企业省公司及以下：属地气象部门发布大风蓝色预警或预警信号。

十、高温大负荷

1. 红色预警

（1）供电企业总部：中央气象台发布高温红色预警，影响公司经营区域且负荷预计达到历史最大负荷115%。

（2）供电企业省公司及以下：属地气象部门发布高温红色预警信号且负荷预计达到历史最大负荷115%。

2. 橙色预警

（1）供电企业总部：中央气象台发布高温橙色预警，影响公司经营区域且负荷预计达到历史最大负荷110%。

（2）供电企业省公司及以下：属地气象部门发布高温橙色预警信号且负荷预计达到历史最大负荷110%。

3. 黄色预警

（1）供电企业总部：中央气象台发布高温黄色预警，影响公司经营区域且负荷预计达到历史最大负荷105%。

（2）供电企业省公司及以下：属地气象部门发布高温黄色预警信号且负荷预计达到历史最大负荷105%。

4. 蓝色预警

（1）供电企业总部：中央气象台发布高温蓝色预警，影响公司经营区域且负荷预计达到历史最大负荷100%。

（2）供电企业省公司及以下：属地气象部门发布高温蓝色预警信号且负荷预计达到历史最大负荷100%。

十一、低温大负荷

1. 黄色预警

（1）供电企业总部：中央气象台发布低温黄色预警，影响公司经营区域且负荷预计达到历史最大负荷105%。

（2）供电企业省公司及以下：负荷预计达到历史最大负荷105%。

2. 蓝色预警

（1）供电企业总部：中央气象台发布低温蓝色预警，影响公司经营区域且负荷预计达到历史最大负荷100%。

（2）供电企业省公司及以下：负荷预计达到历史最大负荷100%。

十二、电力短缺

1. 红色预警

电力或电量缺口占当期最大用电需求20%以上。

2. 橙色预警

电力或电量缺口占当期最大用电需求10%～20%。

3. 黄色预警

电力或电量缺口占当期最大用电需求5%～10%。

4. 蓝色预警

电力或电量缺口占当期最大用电需求5%以下。

十三、大面积停电

1. 红色预警

（1）供电企业总部：直辖市、省会城市、计划单列市发生5%以上，9%以下用户停电。

（2）供电企业省公司及以下：省会城市、计划单列市发生5%以上，9%以下用户停电，或其他设区的市发生20%以上，25%以下用户停电；或县级市发生30%以上，40%以下用户停电。

2. 橙色预警

（1）供电企业总部：直辖市、省会城市、计划单列市发生 3% 以上，5% 以下用户停电。

（2）供电企业省公司及以下：省会城市、计划单列市发生 3% 以上，5% 以下用户停电，或其他设区的市发生 15% 以上，20% 以下用户停电；或县级市发生 20% 以上，30% 以下用户停电。

3. 黄色预警

（1）供电企业总部：直辖市、省会城市、计划单列市发生 2% 以上，3% 以下用户停电。

（2）供电企业省公司及以下：省会城市、计划单列市发生 2% 以上，3% 以下用户停电；或其他设区的市发生 10% 以上，15% 以下用户停电；或县级市发生 10% 以上，20% 以下用户停电

4. 蓝色预警

（1）供电企业总部：直辖市、省会城市、计划单列市发生 1% 以上，2% 以下用户停电。

（2）供电企业省公司及以下：省会城市、计划单列市发生 1% 以上，2% 以下用户停电，或其他设区的市发生 5% 以上，10% 以下用户停电；或县级市发生 5% 以上，10% 以下用户停电。

十四、突发环境事件

1. 红色预警

国家应急管理部门或生态环境部发布突发环境事件一级预警；预判可能发生特别重大突发环境事件。

2. 橙色预警

国家应急管理部门或生态环境部发布突发环境事件二级预警；预判可能发生重大突发环境事件。

3. 黄色预警

国家应急管理部门或生态环境部发布突发环境事件三级预警；预判可能发生较大突发环境事件。

4. 蓝色预警

国家应急管理部门或生态环境部发布突发环境事件四级预警；预判可能发生一般突发环境事件。

供电企业省公司及以下：根据本单位情况确定。

十五、公共卫生事件

1. 红色预警

国家应急管理部门或国家卫生行政部门发布突发公共卫生事件一级预警；预判可能发生特别重大突发公共卫生事件。

2. 橙色预警

国家应急管理部门或国家卫生行政部门发布突发公共卫生事件二级预警；预判可能发生重大突发公共卫生事件。

3. 黄色预警

国家应急管理部门或国家卫生行政部门发布突发公共卫生事件三级预警；预判可能发生较大突发公共卫生事件。

4. 蓝色预警

国家应急管理部门或国家卫生行政部门发布突发公共卫生事件四级预警；预判可能发生一般突发公共卫生事件。

供电企业省公司及以下：根据本单位情况确定。

十六、其他

在预警工作中，供电企业各部门、各单位可对上述分级标准结合实际进行分析研判后使用，如地方政府或专业领域出现新要求或新的等级划分标准后应予以落实，并向供电企业总部应急办反映，以便供电企业进一步修订完善。

（3）信息会商研判

当气象、应急管理、自然资源、水利等政府部门或机构发布的灾害预警（或预警信号），对供电企业或所属单位的工作提出要求时，供电企业或所属单位安全应急部门应牵头立即启动对应等级预警响应，同时向供电企业内部专项应急办、相关分管领导报告。

在气象部门发布灾害性天气预报信息或供电企业系统灾害监（预）测预警中心发布灾害预测预报信息的情形下，供电企业安全应急部门会同事件牵头部门组织专项应急办成员开展预警会商，结合可能受影响的设备设施和用户清单，确定预警响应等级，制定具体的预警响应措施。

（4）编制预警通知（预警响应指令）

应急专责根据预警会商结果完善预警通知并上报审核。内容包括：事件概述、类型、级别、影响范围、发布时间、响应措施、主送单位。

（5）预警审批发布

预警通知（预警响应指令）审批发布程序如下：

① 三级、四级预警通知（预警响应指令），由企业安全应急部门负责人审批后，编号发布。

② 一级、二级预警通知（预警响应指令），经企业安全应急部门负责人审核后，由相关事件分管领导审批后，编号发布。

（6）预警信息推送

预警通知（预警响应指令）审批发布后，通过应急指挥信息系统、移动 App、协同办公系统、安监一体化平台、短信等方式，推送至供电企业领导、相关专业部门管理人员、预警主送单位的领导、应急管理人员和应急指挥中心值班员（简称值班员）。

### 8.1.4 预警响应

#### 1.预警响应一般要求

不同的预警级别，要求采取不同的响应措施，《中华人民共和国突发事件应对法》第四十四条、第四十五条，分别规定了三级、四级和一级、二级预警的响应措施。其中发布三级、四级预警后，主要采取预防、警示、劝导性措施，发布一级、二级预警后，应采取防范性、保护性措施。因此供电企业在接到预警信息时，应组织分析、研判事件的紧急程度和发展态势，传达预警指令。明确预警发布后立即开展应急响应准备工作，包括队伍、物资、装备、后勤、通信、紧急消缺以及相关部门的应急准备与预防措施。按照应急领导小组的要求，落实强化"专业协同、网源协调、供用协助、政企联动"预警实施响应控制措施，跟踪报告突发事件应急处置动态，有效提升管控质量和实效。

**2. 预警响应职责**

供电企业预警发布后，进入预警响应状态；所涉及的下级单位进入预警发布的研判环节。本单位各相关部门开展工作，及时收集、报告有关信息。

（1）安全应急部门（应急管理部）负责组织值班员开展预警响应值班，做好预警响应过程中的安全监督，负责与政府主管部门、监督部门的沟通，报告信息。值班员负责联系事发单位、应急队伍，收集报送现场信息，开展预警响应过程中措施落实情况的监督检查。

（2）稳定应急办（办公室）负责接收和处理政府及有关单位、上下级单位的应急相关文件和突发事件信息，联系沟通各级政府。

（3）调度控制部门负责加强电网运行监测，合理调整电网运行方式，做好异常情况处置准备，保障电网安全，做好通信保障和机动应急通信系统启动准备。

（4）设备管理部门负责加强对预警区域内设备及相关场所的信息收集、监测、特巡、消缺工作，做好设备抢修队伍、装备、物资预置，落实各项安全措施。

（5）营销服务部门负责跟踪获取用户供电情况、停复电信息，做好客户优质服务和应急供电。

（6）网络信息安全管理部门负责监视信息系统运行情况，组织做好信息系统保障工作。

（7）后勤保障部门负责做好应急指挥、处置、值班人员生活后勤保障、疫情防控工作。

（8）物资管理部门负责应急物资的采购、调配、仓储、配送管理工作。

（9）新闻宣传部门负责做好新闻宣传和舆论引导工作。

（10）环保管理部门加强与政府环保部门的沟通，加强重点环境风险源监测和信息收集，加强预警响应期间的环境监测，指导相关单位做好现场抢险和救援工作。

（11）其他相关部门按照职责分工配合开展预警工作。

**3. 预警响应到岗到位要求**

预警响应期间，应急指挥中心要加强值班值守，相关人员应根据预警响应等级到岗到位。

（1）供电企业总部

① 启动三级、四级预警响应时，应急指挥中心在正常值班基础上，增加1名值班员；安全应急部门、相关事件专项应急办分别指定1名联络人保持通信畅通，必要时参加值守。

② 启动二级预警响应时，在三级、四级值班人员基础上，相关事件专项应急部门应安排1名负责人在岗带班，应急部、设备部、营销部、调控中心分别安排1名处长1小时内到应急指挥中心参加值守；数字化部、物资部、后勤部、宣传部等相关部门指定1名联络人，保持通信畅通，并做好随时参加信息研判、会商、值守准备。

③ 启动一级预警响应时，在二级预警响应值班人员基础上，公司安全应急部门、相关事件专项应急办主要负责人 1 小时内到应急指挥中心值守；数字化部、物资部、后勤部、宣传部等相关部门安排 1 名处长或专责 1 小时内到应急指挥中心参加值守。

（2）供电企业所属各级单位

① 启动三级、四级预警响应时，应急指挥中心在正常值班基础上，增加 1 名值班员；安全应急部门、相关事件专项应急办分别指定 1 名处长或专责保持通信畅通，必要时参加值守。

② 启动二级预警响应时，在三级、四级值班人员基础上，安全应急部门、相关事件专项应急办负责人 1 小时内到应急指挥中心参加值守；安全应急部门、相关事件专项应急办、设备部、营销部、调控中心等相关部门指定 1 名处长或专责 1 小时内到应急指挥中心参加值守；数字化部、物资部、后勤部、宣传部等相关部门指定 1 名处长或专责，保持通信畅通，并做好随时参加信息研判、会商、值守准备。

③ 启动一级预警响应时，在二级预警值班人员基础上，安全生产分管领导、相关事件分管领导 1 小时内到应急指挥中心值守；设备部、营销部、数字化部、物资部、后勤部、宣传部、调控中心等相关部门指定 1 名部门负责人 1 小时内到应急指挥中心参加值守。

**4. 预警期间会商制度**

启动一级、二级预警响应时，供电企业各单位安全应急部门向本单位分管领导汇报，组织相关部门、单位开展会商。分管领导提出工作要求，值班员做好记录，形成会商纪要并下发至责任部门、单位。

**5. 预警响应措施执行制度**

供电企业各单位应根据预警级别，组织相关部门和单位开展预警响应，重点做好各级管理人员到岗到位，组织预警响应，做好现场人员、队伍、装备、物资等"四要素"资源预置，做好后勤、通信和防疫保障，防范或减轻突发事件造成的损失。

**6. 预警响应措施检查制度**

供电企业各单位值班员依据响应措施跟踪检查本级预警响应措施落实情况，对预警响应应启未启、响应措施落实不到位的，通过应急指挥信息系统、电话等方式联系相关责任单位督促现场责任人落实。其中，供电企业总部、分部、省级单位开展督查抽查，市、县级单位负责全面检查。

**7. 预警期间信息报送制度**

供电企业各单位值班员每日固定时间，如 7 时、11 时、15 时、19 时，利用应急指挥信息系统收集汇总预警响应信息，向本单位安全应急部门提交书面报告。

供电企业应急管理基础

### 8.1.5　预警调整与解除

#### 1. 预警调整

供电企业各单位预警实行动态管理，实时收集预警信息，开展分析研判、审批，更新预警类别、级别、影响范围，并发布相应级别的预警响应指令。

例如：抓好与电网大面积停电事件等应急预案无缝衔接，针对供电企业设备风险失控可能导致的大面积停电，应提前做好应急准备，及时启动应急响应，全方位做好供电企业设备运行安全工作。

#### 2. 预警解除

有关情况证明突发事件不可能发生或危险已经解除，按照"谁审批、谁解除"原则，解除预警响应，通过应急指挥信息系统、移动 App、短信发布至相应人员。

规定的预警期限内未发生突发事件，预警自动解除。

针对同一类型灾害，如根据事态发展转入应急响应状态，本单位原有的预警响应自动解除。

针对同一类型灾害，供电企业总部、省公司、地市公司如转入应急响应状态，所属单位中，涉及的单位需相应启动本单位应急响应，原预警响应自动解除；其余单位仍维持原预警响应或正常工作状态。

### 8.1.6　评价与考核

供电企业各单位应组织值班员抽查下级单位预警启动及措施落实情况，对发现的预警应启未启、预警措施落实不到位等问题，向下级单位安全应急办下发《整改通知单》，督促问题整改落实，并纳入月度综合评价。下级单位在整改完成后，将《整改落实情况反馈单》报送上级单位应急指挥中心。

由于预警响应不到位，造成一般以上事故或影响范围扩大的，上级单位可直接组织，也可授权或委托有关单位或部门对事发单位进行调查评估，在开展调查之日起 1 个月内完成调查评估报告。相关单位应根据调查评估报告提出的意见和建议，制定整改计划并组织落实，向上级单位报告整改完成情况。

## 8.2 应急响应

《中华人民共和国突发事件应对法》第四章第四十八条规定，突发事件发生后，履行统一领导职责或者组织处置突发事件的人民政府应当针对其性质特点和危害程度，立即组织有关部门，调动应急救援队伍和社会力量，依照本章的规定和有关法律、法规、规章的规定采取应急处置措施。

供电企业应急响应是指在电力突发事件发生后，供电企业进行有效处置，组织营救和救治受伤人员，防止事态扩大和次生、衍生事件发生所采取的一系列的应急行动措施，包括先期处置、应急会商、应急救援、应急供电、应急抢修等多项具体实施活动。

### 8.2.1 启动与分级

**1. 应急响应启动的条件**

（1）发生供电企业内部设定的相应等级的突发事件，或预警失控，有可能造成重要用户或电网大面积停电事件时。

（2）突发事件预警级别不断扩大，事态不断发展，升级为对应等级响应的突发事件。

（3）供电企业接到地方政府或上级部门应急联动要求。

**2. 应急响应分级**

供电企业应针对本单位可能发生的突发事件危害程度、影响范围、本单位控制事态和应急处置能力，确定本单位突发事件应急响应分级标准，并明确批准、宣布响应启动的责任者、方式、流程等。响应分级应注意供电企业内上下级单位、供电企业与当地政府之间的协调、衔接。响应分级不必照搬事件分级。供电企业应急响应一般划分为Ⅰ级、Ⅱ级、Ⅲ级三个等级，通常不超过Ⅳ级，Ⅰ级为最高级别。

具体响应级别的划分标准如下：

Ⅰ级：突发事件后果超出供电企业处置能力，需要外部救援力量介入方可处置。

Ⅱ级：突发事件后果在供电企业应急处置能力范围内，突发事故后果超出供电企业下属单位处置能力，需要供电企业采取应急响应行动方可处置。

Ⅲ级：突发事件后果影响范围仅限于供电企业的局部区域，供电企业相关部门或下属单位采取应急响应行动即可处置。

Ⅳ级：突发事件后果影响范围仅限于供电企业下属单位的局部区域，供电企业下属单位工区层面采取应急响应行动即可处置。

## 8.2.2　信息报送

**1.信息接报**

在应急响应过程中，应急人员要及时、认真研判，积极、主动、多渠道、多途径收集、汇总、核实信息的真实性和准确性，符合应急信息报送要求的，严格按照规定程序、规定范围报告有关单位；对于情况不够清楚、要素不全的，要及时核实补充内容后报告；情况紧急的，边报告、边核实。在应急响应过程中，应急指挥中心接入信息应包含以下主要内容。

（1）电网信息

① 电网负荷相关信息。

② 电网运行情况信息。

③ 线路、变电站、杆塔等电力设施基础信息。

④ 线路、变电站、杆塔等电力设施故障信息。

⑤ 线路、变电站等电力设施停运信息。

⑥ 线路、变电站等电力设施视频信息。

⑦ 用户基础信息。

⑧ 用户停电信息。

⑨ 电网地理信息，并以此为基础显示相关内容。

（2）抢修资源信息

① 应急物资仓库、应急物资信息。

② 应急物资仓库视频信息。

③ 应急队伍信息。

④ 指挥车、抢修车、应急发电车等特种车辆 GPS 信息及北斗定位信息中的一种或多种。

（3）外部信息

① 天气预报等基本气象信息。

② 卫星云图信息。

③ 台风信息。

④ 地方电视新闻并上传总部应急指挥中心。

⑤ 公司外部应急重要事项、应急动态等信息。

⑥ 气象灾害、火灾、水灾、新闻等外部信息。

⑦ 地震、地质灾害信息。

⑧ 交通信息。

⑨ 政府应急指挥部门音视频应急信息。

### 2. 信息报送的渠道

应急人员按照应急响应规定，通过电话、邮箱、广播、电视、报刊、网络、系统等渠道跟踪收集应急响应相关信息，发现涉及应急响应工作的重要信息及时通过电话、文字、邮件、传真等方式进行报送。对于通过邮箱、系统等方式报送的事件信息，要电话核实是否查收。紧急情况下，可先通过电话口头报告，并在 30 分钟内书面报告。过程中做好相关记录。

### 3. 信息报送的内容

应急响应时，按要求报送应急响应工作信息，信息报送主要内容包括以下要素：事件（事故）发生单位、时间、地点、信息来源、事件起因和性质、基本过程、已造成的后果、影响范围、事件发展趋势、处置情况、拟采取的措施及下一步工作建议等。

报送内容可分为基本报送信息和补充信息。基本报送信息是上报人应当报送的信息，补充信息是接收方可对报送人提出补充的信息要求。

基本报送信息包括：

（1）报送时间信息、报送人姓名、报送人单位、报送人联系方式。

（2）应急响应总体情况、状态描述和主要应急工作。

（3）应急响应重要事项（专项工作部署、工作思路、主要问题、突发事件的处理情况等）。

（4）其他安全注意事项：重要设备故障情况、媒体报道及舆情跟踪、天气预报及受灾害天气影响设备抢修情况。

（5）电网运行及负荷预测情况。

（6）下一阶段应急响应主要工作。

### 4. 信息报送的要求

供电企业对企业内部、企业外部和相关方，应明确发布信息的方式、内容及要求；明确突发事件报送信息的责任部门、负责人，信息发布的程序、内容以及通报原则。

（1）供电企业从业人员获悉与供电设备相关的突发事件信息后，应当立即向所在地供电机构报告。

（2）突发事件发生后，发生地供电企业应当立即采取措施控制事态发展，组织开展应急救援和处置工作，并立即向上一级供电企业报告，必要时可以越级上报。

（3）报送的信息应及时准确、客观真实，有图片的应确保照片清晰，不得隐瞒或者虚报、谎报、漏报。

（4）对于紧要信息，应当采用多种方式进行报送，确保适时、全面地向有关方面披露。

（5）应明确 24 小时应急值守制度，包括：明确向上级主管部门、上级单位报告突发事件信息的流程、内容、时限和报送人；向本单位以外的有关部门或单位通报突发事件信息的方法、程序和报送人。报送信息时应该注明报送人、报送时间、报送要点和事实依据。

（6）接收方应当针对不同类型信息分别制定信息报送时效性规范，并与报送方取得共识。信息报送方和接收方应采取相应措施保证信息在报送、储存、使用、处理过程中的安全。

（7）各级供电企业和机构报送的信息应有明确的界限和范畴，不得涉及个人隐私、商业隐私等敏感信息，以及不良影响国家安全和社会稳定的信息。

（8）各级供电企业和机构应当依据实际情况，依据事件的紧急程度适时进行报送。

（9）要加强信息续报和终报，在突发事件处置过程中，要密切跟踪并及时续报事态发展、处置工作进展和可能的衍生灾害等情况；对突发事件及其处置的新进展、可能衍生的新情况要及时续报，做到事发有初报、事中有续报、事后有终报，增强信息报告的完整性。

**5. 供电企业向有关新闻媒体、社会公众进行信息报送的要求**

（1）发生重特大突发事件后，在事故原因基本清楚后，供电企业应急指挥中心应及时向主要公共媒体通报事件情况，发布事件信息，引导舆论导向，使公众对突发事件有客观的认识和了解。

（2）应急指挥中心负责汇总和对外发布重特大突发事件情况，必要时指定专人负责新闻发布工作，根据情况决定采用适当方式发布新闻和信息报道，就事件影响范围、发展过程、抢险进度、预计恢复时间等内容及时向公众进行通报。

### 8.2.3　应急处置

应急处置是应急管理的核心环节，也是应急管理过程中最困难、最复杂的阶段。应急处置是指突发事件发生后，应急处置主体为尽快控制和减缓突发事件造成的危害和影响，依据有关应急预案，采取应急行动和有效措施，控制事态发展或者消除突发事件的危害，最大限度地减少突发事件造成的损失，保护公众的生命和财产安全的过程及活动。

作为关系国家能源安全和国民经济命脉的供电企业，承担着重要的社会责任。突发事件发生后的应急处置是供电企业必须向社会提供的也是必须提供好的一项重要服务内容。能否及时有效开展应急处置与救援，维护人民生活安定和地方经济安全，消除社会负面舆情，维护国家安全和社会稳定，将突发事件对用户、社会生活、区域电力系统造成的损失降至最低程度，既是供电企业管理职能是否高效运行的试金石，也是对其管理能力的考验。

应急处置的基本原则：①以人为本，保障安全；②统一领导，分级负责；③广泛动员，协调联动；④属地先期处置；⑤依法管理，科学处置；⑥打破常规，迅速高效。

155

### 1. 应急处置决策

（1）应急处置决策的特点

应急处置决策是一种非常规状态下的非程序化决策，具有以下特点。

① 事态严峻性。突发事件发生后，事态紧急严峻，可能危及整个社会基本结构和社会生活正常秩序。因此，非常态决策所要处理的问题比在正常状态下处理的问题要严重得多。

② 目标控制性。由于突发事件具有突发性、严重性和紧迫性等特点，应急处置决策的首要目标就是控制事态发展，最大限度地减少突发事件造成的危害和影响。

③ 时间紧迫性。由于突发事件是突然爆发的，演变也相当迅速，应急处置不能有丝毫懈怠和半点迟疑，因此要求决策者在尽可能短的时间内做出决策。

④ 信息稀缺性。在突发事件紧急状态下，由于时间紧迫，决策者及其辅助人员和机构没有很多时间去搜集大量信息，也不可能在有限的时间内掌握和控制所有的事态发展信息，只能在信息掌握不充分的情况下做出决策，因而应急处置决策往往具有很大的风险性。

⑤ 资源有限性。突发事件发生后，由于需要迅速采取应急处置措施，因而决策者往往没有足够时间去调动所需人力、物力、财力等各种资源，也来不及为决策做好充分准备。

⑥ 方法简单性。在紧急状态下，决策者为简化程序，很难选择相对满意的决策方案，有时还可能出现决策失误。因此，应急处置决策者往往采取最简单且最实用的方法，确保收到实效。

（2）应急处置决策需要注意的问题

① 防止发生次生灾害和衍生灾害。

次生灾害是指由原生灾害所诱导出来的灾害。在应急处置时，必须以动态发展和普遍联系的眼光来看突发事件，毕竟突发事件的危害具有很强的连带性和扩散性。为了避免在处置突发事件的过程中发生次生灾害，必须在应急预案的制定过程中就考虑各类突发事件可能引发的次生灾害。在具体处置的过程中，现场应急处置决策者要加强各相关部门之间的协调，防止引发次生灾害。

衍生灾害多指自然灾害发生后，由于破坏了社会与自然的和谐条件，由于不正确的处置与引导，衍生出的灾害。为了避免在处置突发事件的过程中发生衍生灾害，一是应坚持以人为本，绝不拿生命冒险，把受灾人员和应急处置及救援人员生命安全放在第一位；二是在面对突发事件和次生灾害时，决策人员要有担当精神，冷静应对，理智思考，充分利用实时监测数据和听取应急专家组意见，利用和借鉴各种科技手段，发挥好专业处置力量特长，不断完善、调整和优化应急处置救援方案，提升现场应急处置能力；三是要尽早做好信息透明公开、舆论和正面新闻引导工作，掌握事件报道主动权，积极进行沟通，化解舆情风波。

② 保障救援人员安全。

首先需要树立以人为本的意识，提倡珍惜生命、科学救援。在处置工作中，应急处置决策者应注意应急救援队员的轮换和劳逸结合，不能使个别队员过分透支体力，并有针对性地分配不同的救援任务。同时，要为应急救援队员配备必要的防护装备和通信工具，保护应急救援队员，这其中包括对应急救援队员及时地进行必要的心理干预。

③ 确保现场统一指挥。

在应急处置过程中，现场指挥部必须具有指挥处置的全部权力。目前，常见的是，事发后各级、各部门领导纷纷赶赴现场，靠前指挥，发布指示。经常导致现场秩序混乱、令出多门，使现场指挥人员无所适从。而众多领导者的指示往往又不统一，甚至相互矛盾，导致现场指挥部的既定权力得不到有效行使，造成了实际上"谁官大，谁决策"的局面。甚至有时，事发地政府和现场指挥部还要忙于接待各级领导，给现场处置带来了诸多不便和麻烦。突发事件应急处置是一项技术含量很高的具体工作。为此，高层领导一般只需对具体的应急处置工作给予方针、原则方面的指示，而不应干预现场处置工作。其实，在突发事件处置中，各相关部门之间的应急协调是很难解决的问题，高层领导干部应重点对此加以协调。当然，在群体性事件处置的过程中，高层领导干部需要直接与社会公众对话。就目前情况来看，我国群体性事件大多是社会公众合理利益诉求与非理性表达方式的交织。群体性事件的根源是社会矛盾问题，其解决的根本途径在于出台合理的公共政策。在此情形下，高层领导干部因拥有更大的权力，可审时度势做出决策，安抚社会公众情绪，化解群体性事件。

④ 力求实现应急联动。

a. 部门联动。应急处置时部门分割、各自为战是大忌，不利于对突发事件进行综合应对处置。特别是在处置有关基础设施的突发事件中，水、电、气、热等部门因管网之间的相邻关系，更应彼此配合。

b. 条块联动。在处置突发事件时强调"条块结合，以块为主"，主要是为了对突发事件进行综合性的应对。因此，属地政府在应急处置过程中，要主动联系属地内的中央直属部门、企业等单位，密切双方的合作关系，实现条块联动。

c. 地域联动。相邻地区间应建立地域联动机制，在处置突发事件方面相互支持。否则，地域分割会给应急处置效率带来严重的影响。例如，在 2008 年初南方特大雨雪冰冻灾害期间，有的省份高速公路开放，而有的省份高速公路封闭，严重影响了人员和车辆的流动，增加了滞留旅客的数量。

突发事件处置过程中的应急联动是以平常的机制建设为基础的，例如，相邻省份之间可建立区域性的联动机制，有大江、大河流经的省份可建立流域联动机制，共享突发事件的信息，经常开展灾情会商和联合演练。只有这样，应急处置才能步调一致。在国内突发事件应急联动中，必须坚持党委的统一领导。如果联动存在障碍，可求助于共同的上级加以协调。在突发事件应急管理的国际合作方面，可通过外交部或者外事机构进行协调沟通。

### 2. 应急处置程序

（1）接警与研判

供电企业值班人员在接到电力突发事件报告时，应详细询问、记录有关情况，包括事发时间、地点、性质、规模及人员伤亡或财产损失情况等。根据突发事件类别和影响程度，成立专项事件应急处置领导机构（临时机构），在应急领导小组的领导下，具体负责指挥突发事件的应急处置工作。尽快组织对突发事件的级别和管辖范围进行初步的研判。电力突发事件超出自身管辖范围时，应迅速向上级机关报告。

（2）先期处置

电力突发事件发生后，供电企业应立即赶往突发事件现场，核实、观察突发事件的情况和发展态势，并就近组织应急资源做好先期处置，即应当立即采取相应的紧急处置措施（即时避险、伤员救治、电网调度、设备抢修等应急响应措施），控制事故范围，防止发生电网系统性崩溃和瓦解；事故危及人身和设备安全的，发电厂、变电站运行值班人员可以按照有关规定，立即采取停运发电机组和输变电设备等紧急处置措施。事故造成电力设备、设施损坏的，有关供电企业应当立即组织抢修，同时向上级和所在地人民政府及有关部门报告。目的是现场迅速采取有效措施，尽快控制防止事态扩大，以减少损失和社会影响。

在先期处置过程中，先期处置人员应该先避险，再抢险，着重转移周边群众，组织事发现场周围的群众进行有效的应急疏散，维护现场秩序，在确保不会对周围群众造成新的损害后，积极开展力所能及的抢险救援。

（3）启动应急响应

事故造成电网大面积停电的，国务院电力监管机构和国务院其他有关部门、有关地方人民政府、供电企业应当按照国家有关规定，启动相应的应急预案，成立应急指挥机构，尽快恢复电网运行和电力供应，防止各种次生灾害的发生。

当确定电力突发事件级别后，按照分级响应的原则，供电企业应迅速启动应急指挥中心和应急预案，调集应急救援队伍、应急救援物资，派出应急协调人员和专家赶赴突发事件现场，并成立现场应急指挥部。在电力突发事件继续扩大升级的情况下，所启动应急响应的级别应当做出相应调整。

（4）现场处置

供电企业应针对可能发生的各类突发事件，启动应急指挥中心和成立现场指挥部，供应急领导小组从电网恢复、人员救护、工艺操作、事故控制、现场恢复等方面制定应急处置措施，履行电力突发事件协调处置职能。现场指挥部应根据电力突发事件现状和趋势，科学、合理、果断地确定应急救援方案。对于性质特殊的电力突发事件，应急专家应发挥辅助决策作用，提出处置建议。

现场应急处置注意事项包括以下内容：

① 穿戴个人防护器具方面的注意事项。

② 使用抢险救援器材方面的注意事项。

③ 采取救援对策或措施方面的注意事项。

④ 现场自救和互救注意事项。

⑤ 现场应急处置能力确认和人员安全防护等事项。

⑥ 应急救援结束后的注意事项。

⑦ 其他需要特别警示的事项。

（5）信息管理

供电企业应急指挥中心应将电力突发事件发展情况和处置信息及时报告上级供电企业或有关政府部门，建立有效的信息共享协同机制。同时，将处置的最新信息及时准确地发布给社会公众，以避免谣言和流言，加强并做好社会舆论的正面引导工作。

（6）处置结束

供电企业应急处置结束后，应急响应终止。供电企业要继续对受电力突发事件影响的地区的内部和外部数据进行监测，防止次生、衍生灾害的发生。同时，有关部门要清理现场，进行人员清点和撤离，解除警戒，开展善后处理和事故调查等。

（7）调查评估

供电企业应对电力突发事件的有关情况和造成的损失等进行调查评估，作为事后恢复与重建工作的基础和前提；应对电力突发事件的起因、性质、影响、责任、经验教训等问题进行调查评估，并依法追究相关责任人的责任。

### 3. 应急处置措施

突发事件发生后，应急响应供电企业在做好信息报送的同时，应组织本单位应急救援队伍和工作人员针对突发事件风险、危害程度、影响范围、响应分级和对应预案，制定和采取相应的应急处置措施，明确处置原则和具体要求，主要包括：

（1）明确突发事件现场的警戒疏散、人员搜救、医疗救治、现场监测、技术支持、工程抢险及环境保护等方面的应急处置措施，并明确人员防护的要求，杜绝盲目施救，防止事态扩大。

（2）明确生产现场人员的直接处置权和指挥权，在遇到险情或事故征兆时立即下达停产撤人命令，组织现场人员及时、有序撤离到安全地点，减少人员伤亡。

（3）明确现场总指挥的现场决策权，指挥机构会议、重大决策事项等要指定专人记录，指挥命令、会议纪要和图纸资料等要妥善保存。

（4）现场总指挥应组织技术专家分析并制定应急处置技术方案（措施），并批准实施。

（5）救援队伍现场指挥人员在遇到突发情况危及救援人员生命安全时有处置决定

权，能迅速带领救援人员撤出危险区域并及时报告指挥机构。

（6）上级单位成立现场应急指挥机构后，由其指挥现场应急救援、处置等工作。

（7）维护现场秩序，保护现场相关证据。

（8）明确救援暂停和终止条件。

应明确当事态无法控制情况下，向外部救援力量请求支援的程序及要求、联动程序及要求，以及外部救援力量达到后的指挥关系。

以《电力安全事故应急处置和调查处理条例》（中华人民共和国国务院令第599号）为例，因电力安全事故造成电网减供负荷、造成城市供电用户大面积停电的应急处置时，电力企业应当按照规定及时、准确报告事故情况，开展应急处置工作，防止事故扩大，减轻事故损害。尽快恢复电力生产、电网运行和电力（热力）正常供应。具体措施如下：

（1）根据事故的具体情况，电力调度机构可以发布开启或者关停发电机组、调整发电机组有功和无功负荷、调整电网运行方式、调整供电调度计划等电力调度命令，发电企业、电力用户应当执行。事故可能导致破坏电力系统稳定和电网大面积停电的，电力调度机构有权决定采取拉限负荷、解列电网、解列发电机组等必要措施。

（2）事故造成电网大面积停电的，有关地方人民政府及有关部门应当立即组织开展下列应急处置工作：

① 加强对停电地区关系国计民生、国家安全和公共安全的重点单位的安全保卫，防范破坏社会秩序的行为，维护社会稳定；

② 及时排除因停电发生的各种险情；

③ 事故造成重大人员伤亡或者需要紧急转移、安置受困人员的，及时组织实施救治、转移、安置工作；

④ 加强停电地区道路交通指挥和疏导，做好铁路、民航运输以及通信保障工作；

⑤ 组织应急物资的紧急生产和调用，保证电网恢复运行所需物资和居民基本生活资料的供给。

（3）事故造成重要电力用户供电中断的，重要电力用户应当按照有关技术要求迅速启动自备应急电源；启动自备应急电源无效的，供电企业应当提供必要的支援。

（4）事故造成地铁、机场、高层建筑、商场、影剧院、体育场馆等人员聚集场所停电的，应当迅速启用应急照明，组织人员有序疏散。

（5）恢复电网运行和电力供应，应当优先保证重要电厂厂用电源、重要输变电设备、电力主干网架的恢复，优先恢复重要电力用户、重要城市、重点地区的电力供应。

（6）事故应急指挥机构或者电力监管机构应当按照有关规定，统一、准确、及时发布有关事故影响范围、处置工作进度、预计恢复供电时间等信息。

### 8.2.4　后期处置

应急响应过程应根据突发事件发展态势、灾害损失情况及时调整应急响应措施。

当突发事件得以控制，突发事件危害消除时，应急处置与救援任务已经完成，导致次生、衍生事故的隐患已经消除，环境符合有关标准，按照"谁启动、谁结束"的原则，经应急领导机构批准宣布应急响应终止。

供电企业接到应急响应终止的通知后，终止应急响应流程，并开展后期处置工作。后期处置工作包括电网运行恢复、生产秩序恢复 [ 损毁电力设备（设施）的恢复重建计划、正常供电恢复的计划等 ]、保险理赔、舆情引导、事件调查、处置评估（向有关单位和部门上报的突发事件情况报告、应急工作总结报告）等相关内容。

## 8.2.5　应急处置评估总结

### 1. 评估总结

应急处置结束后，供电企业首先应对应急处置全过程进行自我总结，并采用上一级或上级政府组织评估或适当引入第三方评估的模式，以发现问题、完善措施、提升能力为目的，对突发事件应急处置过程进行调查评估。根据应急处置评估报告等对应急处置进行全面总结，并形成应急处置书面总结报告。应急处置总结报告内容应包括：

（1）应急处置的基本情况和特点。

（2）应急处置的主要经验。

（3）应急处置中存在的问题及原因。

（4）对应急处置组织和保障等方面的改进意见。

（5）对应急预案完善的改进建议。

（6）对应急物资与装备管理的改进建议。

（7）对其他应急处置工作的改进建议。

根据突发事件的级别，特别重大突发事件（Ⅰ级），评估工作周期为 4 ～ 6 个月；重大突发事件（Ⅱ级），评估工作周期为 2 ～ 4 个月；较大突发事件（Ⅲ级），评估工作周期为 1 ～ 2 个月；一般突发事件（Ⅳ级），评估工作周期为 1 个月以内。

### 2. 资料归档

在应急处置过程中，供电企业各参与单位每 24 小时对应急处置过程文件、应急处置评估报告、应急处置总结报告等文字资料、记录应急处置实施过程的相关图片、视频、音频等数据资料及时进行归档，并在应急处置结束后 24 小时内，将全部过程文件进行档案管理。

归档资料及保存时限要求如下：

（1）应收集原始文件，且字迹清楚，图样清晰，图表整洁，签字认可手续完备。

（2）需永久、长期保存的文件，不应用易褪色的书写材料（红色墨水、纯蓝墨水、圆珠笔、复写纸、铅笔等）书写、绘制。

（3）录音、影像文件应保证载体的有效性。

（4）电子文件格式应符合 GB/T 18894—2016 的要求。

（5）保管期限为 10 年或长期。

### 3. 应急处置工作改进提升

供电企业应根据应急处置评估总结报告提出的整改建议，制订整改计划，明确整改措施，落实整改资金，修订应急预案，并跟踪督查整改情况。

# 第 9 章　舆情管理

舆情管理是为应对电力突发事件引发的舆论危机，而进行的监测、分析舆情发展态势，加强与媒体的沟通，合理引导舆情的应急处置活动。供电企业因其在国民经济和社会生活中的基础性作用，以及产品与服务的自然垄断属性，决定了其必须应对更加复杂的社会关系，必须应对越来越密集、严苛的公众舆论监督，也意味着必须随时应对舆情对企业形象和生产秩序的冲击。

供电企业应急管理中的舆情管理是指，对突发事件风险监测、预警管控、应急响应及处置过程中有可能影响企业形象和生产秩序的突发舆情事件、有可能或已涉及企业企业形象的负面传播事件，进行事前监测预防、事中控制、事后化解的全过程管理。

供电企业进行舆情管理应按照"谁主管、谁负责"的管理原则、坚持"统一管理、分级负责、预防为主、及时处置"的工作原则，按照"监测预警、上报处置、公开发布和评估总结"的流程，围绕企业品牌形象建设，及时通报舆情处置进展，回应公众关切问题，服务企业发展大局。

具体来说，供电企业日常应编制突发事件舆情应急处理预案，制订企业新闻宣传计划，了解媒体风格、特点和运作方式。组织各类公共关系活动，建立记者档案，确定新闻发布流程，安排采访接待，明确日常媒体关系、负责人和沟通办法，为企业突发事件舆情应急处理提前做好准备。

网络是企业舆情管理的重要工具。供电企业在舆情管理中要学会通过网络走群众路线，通过网络舆情信息工作，了解群众所思所想、所愿所盼，收集好想法好建议，并积极回应网民关切，更好地与广大网民实现有效沟通和良性互动，真正体现供电企业的社会责任，做到"从群众中来，到群众中去"。

# 9.1 舆情监测与预警

## 9.1.1 舆情监测

舆情监测就是供电企业要建立舆情监测监控机制，有针对性地进行舆情监测和分析，抓住其趋势和走向。主动监测收集涉及突发事件中的苗头性舆情，做到第一时间发现、第一时间报告。就应急管理工作而言，舆情监测重在发现对应急突发事件处置中、对策措施中卓有成效的新实践、新经验，此外必须突出问题导向，把问题放在优先和特别重要的位置。

供电企业的各级宣传部门或电子渠道建设运营部门需成立常态化舆情管理团队或志愿者队伍，对线上新闻媒体、微博、微信、商城、社区论坛、网络电视媒体、App应用商店评论等进行舆情监控，做好重大供电服务突发事件舆情信息的收集整理工作，畅通信息收集渠道；加强对公司舆情的全面监控，掌握涉及供电服务形象的舆情信息，为及时发现舆情、提前介入舆情、快速处置舆情打好基础。当监测到舆情时，应第一时间报告管理部门，并采取有效措施，防止负面影响的发生和扩散。

网络舆情监测主要有两种办法：自主监测和委托监测。

### 1. 自主监测

自主监测是指，由供电企业自己进行技术开发并组织人力实施的舆情监测，主要内容包括：建立舆情监测队伍；定期组织技能培训、预案演练等活动；掌握媒体信息并建立畅通的信息联络与沟通渠道。目前，自主监测主要有浏览和搜索两种方式。

（1）浏览

① 浏览新闻信息。浏览新闻网站和商业网站的新闻信息内容，是监测网络舆情最直接的手段之一。网站的新闻信息内容多采用层次树根结构，从网站首页进入新闻主页，在新闻主页里设立若干主要频道（或栏目），每个频道（栏目）里的信息再分成一些子页面子栏目，依次类推。所有内容按一定的导航规则由中心向四周无限扩散、无限细分，用户可以在这个系统中任意穿梭，随意流动。目前，总体上看，新浪网、搜狐网、网易网、腾讯网、新华网、人民网等是我国网络新闻信息传播的主力军。

② 浏览即时通信信息。即时通信能够即时发送和接收互联网信息。目前，已经发展成集交流、资讯、娱乐、搜索、电子商务、办公协作和企业客户服务等为一体的综合性信息平台，成为我国社会化网络的重要连接点和人际传播中最重要的沟通工具之一。在我国，有微信、QQ、MSN、百度Hi、新浪UC、网易泡泡、飞信、阿里旺旺等多种即时通信工具。一个网络舆情监测者只要参与10个以上、每个不少于50个网友

的微信群，基本上就可以掌握每天发生的实时热点动向。

③ 浏览微博。微博是即时网络时代的典型应用。微博已经成为网民获取新闻信息的重要渠道，同时也是意见领袖们传送信息的重要渠道。浏览微博，参与微博互动，关注与供电企业相关人士和机构的微博，适时掌握微博信息动态，对于监测涉电舆情至关重要。

④ 浏览新闻跟帖、论坛、贴吧、博客、个人空间等其他互动信息。新闻跟帖是网民针对新闻发表意见和信息互动的第一个环节，社区论坛是监测网络舆情与舆论的"观测点"，贴吧是一种基于关键词的主题交流社区，一些名人博客依旧受到关注，是意见领袖们传送信息的重要渠道。地区性的、专业性的、敏感人的论坛、贴吧、博客、个人空间等要尤其关注。

⑤ 浏览 SNS 网站。在我国，QQ 空间、豆瓣、人人网、占座网、海内网、蚂蚁网、一起网、开心网、360 圈等社交网站（SNS）大量涌现。社交网站具有大众传播和私人通信的双重特性，当突发事件发生时，在其他开放式传播的站点中屏蔽相关信息后，社交网站将成为信息的主要传播阵地。

⑥ 浏览微信。微信是为智能手机终端提供即时通信服务的应用程序，支持跨运营商、跨系统平台发送文字、图片、语音等多种形式的信息，是一种即时通信工具和最新的网络信息传播形态，是我国最大的网络新媒介。当重大事件发生时，可在 30 秒内通过微博、微信等实时推送新闻，快速全面地传递"刚出炉"的新闻。

（2）搜索

目前，国内主要有百度、搜狗、有道、必应等搜索网站，其中百度是全球最大的中文搜索引擎网站。舆情监测搜索必须把人工搜索与机器系统编程搜索相结合，关键词搜索与人工浏览相结合。

① 利用搜索引擎技术进行信息检索。

人工搜索是实际工作中最常用的信息检索方式，关键词搜索是很好的方法。与人工浏览法相比，关键词搜索法具有目标明确、检索效率高、收集范围广等优点。另外，充分利用好现有搜索引擎产品的既有功能，比如百度的"百度指数"，通过搜索关键词可以自动获得数据分析。

② 开发并使用智能搜索软件自动适时抓取。

开发简便型实用智能搜索软件，能够主动和智能化地进行舆情信息汇集和简单的分析服务。也可开发网络舆情监测系统，抓取和分析的功能更加强大，除了提供舆情信息的搜索，更有自动发现、趋势分析、专题追踪、自动预警、自动分类等功能。随着"大数据时代"的到来，网络舆情的监测和分析越来越依赖舆情大数据分析技术与平台。

2. 委托监测

随着网络信息技术的发展，舆情监测技术也得到了有效的发展。委托监测主要是指，委托专业技术和舆情监测机构代为监测本部门本系统本地区的网络舆情。通常这些专业机构都具备先进的网络舆情监测系统和具备传播学、社会学、经济学、公共管理学、数理统计学等专业背景的舆情分析人员。采用成体系的网络舆情监测理论体系、工作方法、作业流程和应用技术，例如关键词的设定，让监测系统自动抓取和推送相关信息，实现直观和快速的舆情监测。

通过全过程的舆情监测，供电企业将收集的舆情信息与获取的突发事件信息进行对比，判断公众对事件信息的掌握程度，筛选谣言，评估公众情绪和价值判断，研究舆论关注点，从而为舆情引导方案和整体应对方案提供支撑。

### 9.1.2 舆情评价与预警

舆情预警要求供电企业职能部门及时跟踪重大突发事件，及时监测评价研判舆情走势；关注敏感网络舆论，及时发现媒体及网民关心关注的热点、焦点问题，并做出科学及时的舆情动向分析和预警判断，是快速提出初步处置意见、应对措施和回应公众关切的基础和前提。

#### 1. 舆情评价

在从监测到预警的过程中，对舆情的评价应遵循一定的工作流程，以网络舆情自动化系统评价为例，其主要包括舆情监测、舆情评价、舆情研判三个环节，如图9-1所示。

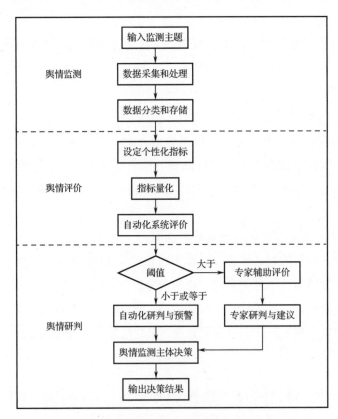

图 9-1　网络舆情评价的工作流程

1）评价指标

网络舆情评价指标包括媒体传播评价、舆论强度评价、民意态度评价、舆情演变评价四个二级指标，各二级指标又包含各自的子参数，即三级指标，它们构成了网络舆情评价指标体系。网络舆情评价指标的三级指标应包括但不限于图 9-2 所列的 14 个三级评价指标，具体含义如下。

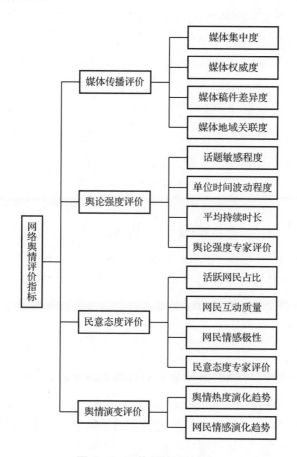

图 9-2　网络舆情评价指标

媒体集中度：媒体集中度反映参与媒体的集中程度，可采用赫尔芬达尔 - 赫希曼指数来衡量。媒体集中度越高，意味着媒体的垄断力量越大、竞争程度越低、差异化程度越低、越容易形成舆论控制行为。

媒体权威度：媒体权威度反映了网络媒体的可信度和影响力。媒体权威度越高，表明舆情事件的受重视程度越高。

媒体稿件差异度：媒体稿件差异度反映了媒体稿件信息的多样化程度。媒体稿件差异度越低，表明舆情信息具有较高的相似程度和同质化程度，如果没有新的事件信息，该舆情事件较容易衰退；反之，则表明媒体进行二次创作的空间很大，该舆情事件仍具有持续演化发展的潜力。

媒体地域关联度：媒体地域范围反映了媒体归属地与舆情事件发生地之间的关联

程度，同时也反映事件的社会整体关注程度和范围。

话题敏感程度：话题敏感程度指标反映舆情事件的敏感程度，话题敏感度越高其风险等级越高。

单位时间波动程度：单位时间波动程度反映了过去一段时间内舆情热度的波动情况。单位时间内的波动程度越高，表示事件越不稳定。

平均持续时长：平均持续时长反映了舆情事件的持久度。

舆论强度专家评价：在遇到特殊网络舆情事件时，可通过邀请专家评分的方式，修正自动化系统评价给出的媒体传播评价值。特殊网络舆情事件包括但不限于重大突发事件、敏感事件、紧急事件等。专家评分的取值范围可设定在一定区间内，分值越低，表示专家估计的舆论强度越低。

活跃网民占比：活跃网民占比反映了舆情事件中的活跃参与群体的占比情况，活跃网民占比越高，表示舆情事件中参与群体中的积极分子的比例越高，需针对性地了解这部分人群的特点及核心诉求，以便更高效地疏导负面舆论、引导正向传播。

网民互动质量：网民互动质量反映了舆情事件中网民参与行为的深度。

网民情感极性：网民情感极性反映了舆情事件中网民的观点和立场，网民情感极性的分数越高，表示情感越趋于负面，越值得警惕。

民意态度专家评价：在遇到特殊网络舆情事件时，可通过邀请专家评分的方式，修正评价系统给出的民意态度评价值。专家评分的取值范围可设定在一定区间内，分值越低，表示专家估计的民意强度越弱、情绪趋于稳定；反之，则表示民意强度旺盛、情绪不稳定。

舆情热度演化趋势：舆情热度演化趋势反映了舆情事件中的发帖量随时间变化的趋势。

网民情感演化趋势：网民情感演化趋势反映了舆情事件中的网民情感立场的变化趋势。分数越高，表明后续发展趋于负面，越值得警惕。

2）评价要求

（1）综合评价要求

根据上述三级指标得出的各单项评价结果，可形成数据汇总分析，得出自动化系统评价结果。当自动化系统评价结果小于或等于舆情监测主体（供电企业）设定的阈值时，自动化系统评价结果为最终综合评价结果；当自动化系统评价结果大于舆情监测主体（供电企业）设定的阈值时可引入专家辅助评价，最终综合评价结果应由舆情监测主体（供电企业）根据自动化系统评价结果和专家辅助评价结果研判后确定。

（2）专家辅助评价的专家要求

当自动化系统评价结果大于舆情监测主体（供电企业）设定的阈值时启动专家辅助评价，对专家有如下 3 方面要求。

① 专家应从舆情评价专家库中选用。舆情评价专家库由舆情监测主体负责组织与维护，更新及维护时间间隔不宜超过 12 个月。

② 专家在其专业领域应具有舆情研究或智库决策经历。

③ 专家在遵循国家颁布的法律法规前提下，遵守地方和舆情监测主体自主确定的保密条款。

3）评价流程

（1）专家根据舆情监测主体（供电企业）提供的舆情事件基本材料和自动化系统评价结果，结合专家本人的专业知识和见解，对舆情事件的媒体传播、舆论强度、民意态度、舆情演变等维度进行评分，最终给出评价结果，并提出决策建议。专家评价流程由舆情监测主体（供电企业）确定。专家辅助评分表如表 9-1 所示。

（2）每个需专家辅助评价的舆情事件宜征集两名以上专家进行评价，每位专家独立决策，相关评价结果提交至舆情监测主体（供电企业）。

表 9-1　专家辅助评分表

| 舆情事件 | | | | |
|---|---|---|---|---|
| 专家签字 | | | 评价时间 | |
| 评价指标 | 指标含义 | 评分说明 | 专家评分 | 备注 |
| 媒体传播 | 媒体的介入程度和范围（从介入媒体的权威程度、多样化程度、稿件多样化程度等方面评估） | 满分 10 分（分值越高，表示媒体介入程度越弱、范围越广） | | |
| 舆论强度 | 舆情事件在时间和空间上的强烈程度（从敏感程度、波动程度、持续时间等方面评估） | 满分 10 分（分值越高，表示舆情事件的时空强度越高，即敏感较高、或波动较大、或持续时间较长） | | |
| 民意态度 | 舆情事件中民间主体意愿表达程度（从网民活跃程度、互动质量、情感极性等方面评估） | 满分 10 分（分值越高，表示网民关注度和积极性越高） | | |
| 舆情演变 | 舆情事件的后续演化趋势（从舆情热度演化趋势、网民情感演化趋势等方面评估） | 满分 10 分（分值高，表示舆情热度呈增长趋势，或网民情感持续负面发展，值得追踪） | | |
| 综合评分 | 根据舆情事件的传播媒介、舆论强度、民意态度等计算出归一化评价结果。计算规则为:综合评价 =（媒体传播 + 舆论强度 + 民意态度 + 舆情演变）/40 | 满分 1 分（分值越高，风险越大;分值小于 0.5 对应中低风险;分值大于 0.5 对应中高风险） | | |
| 处置意见 | | | | |
| | | | | |

### 2. 舆情预警

舆情预警是指，在舆情发生之前或重大电力突发事件发生后，根据以往总结的规律或观测得到的可能性、潜在性征兆进行人工分析评估或通过上述舆情自动化系统评价形成的评价结论，向监测主体（供电企业）相关职能部门发出紧急信号，报告舆情情况及可能的走势，避免在不知情或没有充分准备的情况下，舆情进一步扩散，相关事件进一步升级，影响突发事件的正常应急处置，给企业品牌和用电营商环境造成不必要的损失。

### 3. 舆情分级

按照舆情传播范围、发展态势和危害程度，分为重特大舆情、重大舆情、较大舆情、一般舆情四个级别。

（1）重特大舆情：指对企业改革发展和生产经营产生重大不利影响的舆情，对企业改革发展产生全局性重大影响的舆情，网络热搜排名连续居前、全网高度关注的舆情。

（2）重大舆情：指对企业产生严重影响的舆情，损害企业形象、社会不良反应较为集中的舆情。

（3）较大舆情：指对企业影响较大的舆情，对企业品牌形象产生延伸影响、社会关注度较高的舆情。

（4）一般舆情：指不属于上述舆情但对企业产生不利影响、需要关注和处置的舆情。

### 4. 舆情类别

按照舆情不同性质，分为政治类舆情、政策类舆情、经营类舆情、人员类舆情四类。

（1）政治类舆情：包括攻击党和政府，质疑基本经济制度和中国特色现代国有企业制度的舆情。

（2）政策类舆情：包括错误解读歪曲党中央方针政策，散布不实信息，严重影响或误导企业工作的舆情。

（3）经营类舆情：包括因企业安全生产、供电服务、经营管理等问题引发社会不良反应、造成企业形象受损的舆情。

（4）人员类舆情：包括企业各级单位干部员工违法违纪、言行失范等引发并造成严重社会影响的舆情。

## 9.2 舆情信息报送与处理

### 9.2.1 舆情信息报送

舆情管理团队每天编制舆情监控日报并向监测主体（供电企业）职能部门报送。当有舆情事件发生后，应以一日多次或随时间发展即时上报的方式进行舆情监控日报报送，由监测主体（供电企业）职能部门进行决策处理。日报内容包括舆情监测情况和评价及预警分级情况。

舆情信息报送方式主要从载体和内容两方面来划分。

（1）从载体来划分

舆情信息报送按不同载体可以分为书面报送、互联网报送和口头报送三种方式。书面报送又可具体分为电传、文件交换、邮件寄送等方式。其中，电传是最为普遍采用的形式。书面报送方式对舆情监测、评价和预警信息的标准格式、发文号、密级、发送部门、成文日期、信息抄送等都有具体规定。互联网报送：比如通过开发在线的舆情信息报送数据处理系统，就可以实时报送、反馈信息，不仅可以大大增强信息报送的时效性，而且可以实现自动统计、实时反馈，有利于节约办公成本，提高工作效率。口头报送：一般通过电话来进行，这是一种特殊的舆情预警信息报送方式，特点是简易便捷，时效性强，但不易存储，需要事后补充相关文字材料。一旦遇到紧急重大或突发事件，需要第一时间报送相关的网络舆情信息，就可采用口头报送方式。在实际工作中，采用口头报送方式相对较少。

（2）从内容来划分

舆情信息报送按不同内容分为摘要报送、专题报送和综合报送三种方式。摘要报送：对于一些时效性较强的网络舆情信息，可以摘取其主要内容简明扼要地报送。例如，公众及网民对企业重大政策和工程的基本看法、对网上舆论热点的反映等。专题报送：对于需要弄清来龙去脉的网络舆情信息，特别是那些反映重大事件、舆论热点以及问题类、建议类舆情预警信息，需要采取专题报送的方式。综合报送：对涉及供电企业重大决策、重大事件的舆情，需要做全面、深入调查，并在综合分析后报送。

### 9.2.2 舆情信息处理

供电企业舆情信息处理工作的目的是加强舆情监测、评价、预警与应对，及时通过主流媒体发布相关信息，正面引导舆论，最大限度地避免、缩小和消除因各类突发事件造成的负面影响，维护供电企业合法权益和正常的生产经营秩序，维护友好的用电营商环境，塑造供电企业良好品牌形象。

舆情信息处理的基本原则如下。

（1）统一指挥，分级应对

舆情一旦形成，应立即明确主管部门、主管领导及其责任，统一指挥和领导舆情应对工作，避免相互掣肘。尤其是对于突发事件而引发的网络舆情，供电企业领导指挥机构有权调动各个部门的人力、物力，以便统一行动，将危害程度降到最低。根据舆情危急、紧急的程度以及舆情涉及事件的大小，分别由不同层级的相关部门负责应对，启动相应的应急预案。坚持归口管理，尽量就地解决，将舆情及舆情反映的事件化解在基层。

（2）部门联动，协同应对

供电企业相关舆情的管理部门及其他相关职能机构联合行动、分工协作、彼此配合，对网络舆情进行引导和控制等，从而化解舆情，促进舆情涉及的事件或问题有效解决。部门联动既指舆情应对各主体之间联合行动，也指上下级部门之间、政府与企业之间的联合行动，甚至包括与媒体之间的有效联动和沟通。只有各个部门之间做到步调一致、口径一致、行动一致，才能提高网络舆情的应对效果。

（3）以人为本，生命第一

以人为本，就是要求把关心人、尊重人、理解人作为经济社会发展的目的。这就要求在事关突发事件和重大安全事故的网络舆情处置过程中，应及时报告，第一时间到达现场，第一时间报道现场。把人的生命健康权放在首位，在做好信息发布工作的同时，尽最大努力抢救和挽救生命，先救人后救物。这也是近年来，各国在重大安全事故后，停止部分娱乐电视节目，而及时播报事故、伤亡及救援情况的原因。

（4）明确诉求，解决问题

只有实际问题立即得到公正妥善解决，舆情事件才能很快平息。现实问题一时无法解决的，以公开承诺限期解决问题的方式，缓和情绪，平息舆论事态，并尽快兑现解决实际问题的承诺。只要尊重民意、坚持法治、维护合法权益、打击违法犯罪，复杂的问题就能得到很好的处理。着眼长远，解决根本问题，是引导舆论的根本手段。

（5）依法应对，合乎情理

社会转型期的舆情环境错综复杂，其中既有理性的也有情绪化的，既有真实的也有虚假的，既有建设性的也有别有用心的。如果不做出准确判断，就难以掌握舆论引导的"度"。这就要求在应对舆情的过程中，要坚持以国家相关的法律法规为依据和准绳，符合宪法、法律、法规和其他规章制度的要求。还应做到合乎情理，不仅对待公众和网民要合情合理，公布的事实真相、事件细节也应符合情理，符合常理。同时健全重大舆情会商评价研判制度，加强对舆情的科学性分析，提高甄别能力。在准确判断舆情、坚持真实客观的基础上，拿捏好报道的数量、角度、尺度等，既不能冒进，也不能保守，应与舆论舆情良性互动，进行对话与交流，既不能迎合舆论，也不能无视舆论，而是要在少数舆论与主流舆论之间找到"最大公约数"。

（6）及时应对，主动引导

舆情一旦发生，供电企业基层相关部门应在与主流媒体建立良好合作关系的基础上，第一时间做出反应（第一时间预警、第一时间发布、第一时间公众解读），第一时间及时主动对外发布电力突发事件信息，积极通过媒体主动宣传，营造有利的主流舆论态势和社会氛围来应对质疑，尤其是对涉电重大敏感事件、涉电突发事件的新闻报道和舆论引导，要努力抢占先机，把握话语权。并在首发后滚动发布、持续更新、稳扎稳打、循序渐进，按要求拓展、完善舆论引导渠道（如微博矩阵建设等），主动引导舆情，将网络的评论、跟帖、讨论引导到正确的方向上来，防止舆论方向走偏。同时，在供电企业内部组建第三方话语团队，定期与关键群体沟通联络，迅速了解和把握各种途径舆情信息，迅速回应公众疑问。

（7）态度诚恳，不说假话

监测、评价和预判舆论反响，是思想宣传工作者的基本功，也是做好舆论引导工作的重要一环。做好效果评估，需要对舆论生态进行深入研究、对舆情走势进行透彻分析。在此基础上，还要讲究传播艺术，不能居高临下空洞说教、语言生硬强行灌输、形式刻板不求变化，那些模式化、套路化的传播方法只会让网民敬而远之。

只有态度诚恳，平等对话、科学引导，才能取得沟通实效。态度诚恳至少包含五个基本含义：不说假话、姿态低调、言语诚恳、要有气度、要有温度。

不说假话是态度诚恳的最基本要求，是底线。

姿态低调，便于沟通和避免引人反感。

言语诚恳，表明真诚合作、友好协商的意愿，传递一种善意、坦诚的信号，对赢得理解和尊重大有裨益。

要有气度，就是对情绪宣泄性的批评声音，应当胸怀宽广，开展自我检查，有则改之，无则加勉，做好供电服务中用户情绪的"减压阀"。

要有温度，就是要避免就事论事、"你问我答"式的机械交流，而是要在基于事实的基础上重点回应公众高度关切的重要问题，并保持应有的基本人文关怀温度。

尤其是要下一番苦功夫，大力改进形势宣传、成就宣传、典型宣传、主题宣传等，增强其亲和力和贴近性，让公众喜欢看、有共鸣，真正发挥鼓舞人、激励人的作用，从而巩固壮大主流思想舆论。

（8）遵循规律，科学应对

舆论的演变遵循信息生命周期的规律，基本会经历形成（舆情隐患）、发展（形成舆情征兆、舆情风险）、成熟（形成舆情事件、造成舆情危机、造成品牌危机）以及消亡（舆情消失）等几个主要阶段。在处理过程中要做到：形成阶段抓微博和跟帖；发展阶段要积极发声；成熟阶段重解决问题，此阶段需打通"主流媒体舆论场"和"民间舆论场"两个舆论场；消亡阶段则谨防产生新的舆情燃点。

### 9.2.3 舆情信息处理中的对外沟通

（1）各级供电企业应发挥新闻宣传在舆论引导、价值传播方面的作用，通过报纸、电视、广播及互联网等多种媒介，大力推介和传播供电企业积极履行社会责任、开展优质服务的举措，争取社会认同，树立良好形象，彰显供电企业品牌价值。

（2）加强与地方政府、主流媒体等社会各界的沟通联系，主动征求各方建议和意见，积极改进工作。

（3）积极参加地方政府组织的政风及供电服务相关民主评议活动，主动接受政府和社会监督。

（4）积极参与电台、电视台等社会服务监督类活动，及时回应客户关切的供电服务问题，切实提升服务水平，展示良好供电服务形象。

（5）舆论宣传：供电企业宣传部门积极向社会各界广泛宣传企业宗旨、服务理念、服务内容、服务标准，公开服务流程、服务承诺等社会和客户广泛关心和关注的内容，最大限度地争取服务对象的理解和支持，营造良好的内外部发展环境。

（6）外部监督：供电企业聘请社会供电服务监督员并定期召开供电服务监督员会议；积极参与社会优质服务建设类活动，宣传企业形象；积极参与地方政风及供电服务相关民主评议活动。

## 9.3 信息公开与发布

### 9.3.1 应急处置信息公开

国家治理体系和治理能力现代化的一项核心目标就是，建立起多元化的治理主体体系，让公众、企业能够参与到社会事务的决策、管理服务中。因此为了提高供电企业工作透明度，充分发挥供电企业信息公开对人民群众生产生活和经济社会活动的服务作用，切实保障广大电力用户的知情权、参与权、监督权，根据《电力监管条例》《公共企事业单位信息公开规定制定办法》《电力企业信息披露规定》，国家能源局于2021年11月23日印发了《供电企业信息公开实施办法》（简称《办法》）。

#### 1. 企业信息公开要求

供电企业信息公开应当遵循合法、真实准确、规范及时、便民利民的原则，并对本企业发布的信息内容负责。供电企业信息，是指供电企业在提供公共服务过程中制作或者获取的，以一定形式记录、保存的信息。供电企业信息公开的内容，分为主动公开的信息和依申请公开的信息。

### 2. 企业信息公开内容

供电企业应依照《办法》和国家有关规定，主动公开以下与人民群众利益密切相关的信息：供电企业基本情况、供电企业办理用电业务有关信息、供电企业执行的电价和收费标准、供电质量情况、停限电有关信息、供电企业供电服务所执行的法律法规以及供电企业制定的涉及用户利益的有关管理制度和技术标准、供电企业供电服务承诺，以及供电服务热线、12398 能源监管热线等投诉渠道。

### 3. 企业信息公开方式及要求

供电企业应当在门户网站或移动客户端设立专门的信息公开栏目，全面、完整、集中公开《办法》第七条规定的信息内容，便于公众查询和获取信息，并可通过公开栏、电子显示屏、便民资料手册、信息发布会、新闻媒体、即时通信软件、短信等其他便于公众知晓的方式公开。

供电企业应当编制并公布信息公开指南和目录，如有变动应同步更新。信息公开指南应当包括信息的分类，获取方式，信息公开工作机构的名称、办公地址、办公时间、联系电话、传真号码、电子邮箱等内容。信息公开目录应当包括信息索引、名称、内容概要、生成日期等内容。

供电企业应当建立健全信息公开咨询机制，设置信息公开咨询窗口。咨询窗口设置以 95598 等供电服务热线为主，也可设立网站互动交流平台、接受现场咨询等。信息公开咨询原则上应即时办理，不能即时回复的，应当在 3 个工作日内予以回复。

### 4. 应急处置信息公开及做法

供电企业在突发事件的应急处置过程中，首先要做到及时发布权威信息，公开透明回应群众关切。信息公开是否及时准确透明，直接影响到应急处置过程中舆情的发展和演化。在突发事件应急处置过程中，加强舆论引导，使企业和客户更好地凝聚共识，形成合力，是供电企业需要正视的重大课题。

供电企业在突发事件的应急处置引导过程中，信息公开、还原事件过程真相，既是供电企业的责任，也是供电企业的自信。在保障广大电力用户的知情权、参与权、监督权的同时，通过公众独立思考、客观公正评价，避免误解猜忌，获得理解尊重，有效调动资源，提高应急处置的效率。

（1）抓好供电企业官方网站信息管理，充分发挥其信息公开第一平台作用，将供电企业官方网站打造成全面的信息公开平台、权威的政策发布解读和舆论引导平台、及时回应关切和便民服务平台。

（2）善于运用主流媒体，发挥舆论引导主渠道作用。

（3）综合运用新兴媒体，形成全媒体、分众化宣传的强大合力。

（4）特别重大事故发生后及时通知和邀请权威政府媒体，派驻记者到现场，允许主流媒体记者参与有关事故抢险救援和事故调查的过程，并通过他们及时发布相关信息。

（5）协同政府相关部门、主流媒体等单位负责人共同参与舆情引导工作。

（6）培养造就政治坚定、业务精湛、作风优良、党和人民放心的舆情应对工作队伍，如应急处置新闻发言人、应急处置理论专家、应急处置记者和通讯员、网络评论员、应急处置舆情监督员等队伍，并大力推进其发展壮大，为突发事件应急处置中的舆情引导发挥重要作用。

（7）面对突发性舆情，信息公开响应的速度提升，会使舆情早期传播的预警、干预能力也随之大幅提高。舆情信息公开时效性应在突发事件 24 小时之内，首次信息公开事件不应超过 48 小时。对于特别重大、重大的大面积停电事件引发的舆情，要快速反应，最迟要在 5 小时以内发布权威信息，在 24 小时以内举行新闻发布会。新闻发布会一般不超过 1 小时，主发布人通稿发布情况，时长控制在 8 ～ 10 分钟，篇幅在 1500 字左右；发布与问答两个主要环节时间比例约为 1：2，最低不得小于 1：1。信息发布应当准确恰当，把更多时间留给问答环节，回应媒体和公众关切问题，最大限度利用舆论引导功能。

### 9.3.2 应急处置信息发布

供电企业应急处置工作中信息发布应做到及时、准确、客观、全面，使公众对供电企业突发事件及处置情况有客观的认识和了解。建立供电企业突发事件信息发布快速反应机制，第一时间发布权威信息，让权威发布走在舆情形成之前，赢得"第一落点"，确保时效性，控制新闻宣传主动权。在受众中形成第一概念，从而影响舆论的走势。稳定公众情绪，通过信息的公开透明、持续大量、权威密集输出，最大限度地避免或减少公众猜疑，使得谣言没有散布的空间。这时如果权威信息"缺位"，主流媒体就会"失语"，结果就是把舆论的主导权拱手让人，最终使供电企业失去应急处置中的权威性和公信力。此外，信息发布要有针对性，涉及专业时尽量避免使用行话术语。

**1. 供电企业应急处置信息发布渠道**

供电企业突发事件应急处置应采用多种渠道及时向媒体、公众、合作机构发布信息，做好舆情引导和公众沟通等工作，发布渠道主要有以下几种：

电话（供电企业品牌对外统一电话，包括专门开通的免费临时热线）；

传真（可以用来向媒体传递新闻发布预告）；

电子邮件（包括邮件组）；

邮件（包括特快专递）；

人际传播（包括小范围的新闻吹风会、社会各界参加的座谈会）；

合作机构的传播渠道（可通过对方的关系网或邮件组传播）；

指定的通讯社；

指定的媒体机构——报纸、杂志、电台、电视台；

新闻发布会或媒体见面会（前者以新闻发言人为主角；后者则由发言人主持，邀请高层领导或相关负责人参加）；

供电企业官方网站、博客、微博、微信群、客户端、App 等。

### 2. 供电企业应急处置信息发布内容

加强突发事件处置过程中的信息发布，负责处置的供电企业相应职能部门是第一责任人，根据处置进展动态发布信息回应社会关切；建立信息公开负面清单，建立健全舆情收集、研判、处置和回应机制，在应对舆情热点事件时不失声、不缺位；必要时，相应职能部门主要负责人带头接受媒体采访，当好舆情信息发布人。

信息发布内容及要求：

（1）第一时间统一对外口径，发布经上级主管部门批准发布的信息，不做出任何预测或推断。

（2）明确信息发布的目标受众、受突发事件影响客户群体、关注突发事件群体以及需要被提醒引起和加强防范意识的群体。

（3）明确信息发布的目标受众对突发事件的观点以及目标受众想要知道的信息，解释在突发事件应急处置中他们应该做些什么。

（4）明确媒体需要知道的信息。

（5）具体描述突发事件起因过程、影响范围、发展过程，强调所掌握的有关突发事件的事实、过程和数据。

（6）供电企业为解决突发事件，已经采取的应急处置措施和行动，应急处置进度、预计恢复时间，以及防止突发事件扩大和再次发生的应对措施和公众注意事项等内容。

（7）应急处置中合作机构所做工作及其立场和观点。

（8）媒体和公众继续获得官方权威信息的渠道。

（9）下一次更新信息时间。

在确定了信息发布内容以后，要及时报送供电企业主管领导批准，并与其他部门进行信息核查、交换和协调，确保在信息发布口径上保持一致。在完成了信息发布的准备工作后，要着手准备通过媒体向公众发布相关信息。

### 3. 供电企业舆情信息发布注意事项

（1）媒体常见提问类型

① 本次突发事件应急处置中供电企业负责部门和负责人。

177

② 突发事件实时情况以及是否已经得到控制。

③ 供电企业应急处置工作开始的时间节点（包括何时接到突发事件报告，何时做出处置等）。

④ 突发事件发生和发展原因以及产生的负面影响和后续处置措施。

（2）信息发布人员与媒体关系

① 处理好信息发布人员与媒体和记者的关系。信息发布人员处理好与媒体记者的关系是做好舆情信息发布工作的首要前提。做到善知、善待、善用。善知：了解媒体及媒体人的社会与经济属性。善待：学会与媒体及媒体人相处，不要把记者当成对手，当成"敌人"，而应该当作朋友。不怕、不躲，不回避矛盾，切勿"话未开口，先矮三分"，把自己放在弱势位置，用真诚打动媒体人，靠事实说服媒体人，用媒体人影响媒体。善用：了解媒体个性，扬长避短为我所用。事实上，绝大多数媒体记者是能够客观地反映事实真相的，成心刁难、恶意炒作的只是极少数。因此，信息发布人员在公开发布信息时，对事件的陈述、评析既要客观、真实、公正，又要有立场，让媒体感到坦诚的态度，这不仅表明信息发布人员具有优秀的品质，也是驾驭新闻规律能力的表现。

② 处理好恪守职业操守与展示个人风采的关系。信息发布人员要时刻牢记，自己代表的是供电企业这一重要公用事业单位，面对的是整个公众，必须严格恪守信息发布人员的职业操守。回答媒体记者提问时态度要坦诚，特别是涉及一些敏感问题时，要坚守基本原则。对回答一些暂时还没有定论的问题时，必须严格按照既定的口径回答，不能随便表态，尤其不能把个人的感情因素掺杂到信息发布中去。

③ 处理好尊重客观与运用技巧的关系。信息发布不是演戏、耍花腔，要靠真诚和自信赢得信任。真诚来自对事业的热爱，自信来自平时的积累和努力。有数字统计，美国政府新闻发布回答每个问题的平均时间是 38 秒。相比之下，我们有时回答问题冗长，讲了十几分钟，最后记者能够采用的不过一两句。因为媒体对信息发布感兴趣的，是信息发布人员能够给他们提供有报道价值的新闻点，而不是大量重复陈述已公开的信息。

## 9.4 舆情总结归档

舆情风险形势严峻，舆情管理工作也是一个长期且万万不可松懈，并要持续改进、提升的"持久战"和"主动仗"。因此做好优化提升，评估总结、经验积累是一个有效进行舆情管理的便捷途径，有助于完善舆情处置策略，不断改进工作。

### 9.4.1　舆情总结评价

突发事件应急处置缓解后，供电企业要及时进行舆情处理工作总结评价。

（1）搜集和整理来自公众的反馈和批评意见。

（2）搜集和整理突发事件舆情管理过程中媒体的相关报道。

（3）对舆情管理工作的成功和失败之处立即做出反思，总结经验教训。

（4）对本次突发事件中的舆情传播运作过程进行评估。

（5）向上级主管领导递交有关本次突发事件中舆情管理的效果分析和评估报告。

（6）将评估结果在组织内部进行交流。

（7）根据总结出来的经验和教训，对舆情处理预案进行修改和完善，对决策和工作流程进行修改和完善，对相关人员进行培训。

### 9.4.2　公众教育、档案管理

突发事件结束后，要抓住机会通过主流媒体开展公众教育工作。

（1）根据总结出的经验和教训，对公众展开相关主题的教育（如供电服务、安全用电等）。

（2）进一步了解公众对突发事件的认识和他们所需求的信息。

（3）通过公众教育，传播防止突发事件再度发生的知识和突发事件中的自救互救知识。

（4）结合一些主题教育活动，利用各种媒介开展面向公众的突发事件风险传播。

（5）每次公众教育一般只确定一个到两个主题。

（6）突发事件结束后，可对官方网站、微博、微信公众号中相关内容进行相应的调整。

在突发事件舆情管理过程中，供电企业舆情管理团队要始终进行信息的监测和搜集工作，并在突发事件结束后，形成总结评估并开展档案管理。

179

# 第10章 应急能力建设评估

应急能力建设评估是指为检验各单位日常应急管理工作，有针对性地提升应急管理水平，从制度建设、监测预警、保障体系、机制建设等方面对突发事件综合应急能力进行评估，查找应急能力存在的问题和不足，指导企业建设完善应急体系的过程。

## 10.1 应急能力建设评估内容

### 10.1.1 供电企业应急能力建设评估的概念

供电企业应急能力建设评估是以供电企业为评估主体，以应急能力建设和提升为目标，以应对各类突发事件的综合能力评估为手段，以全面应急管理理论为指导，构建科学合理的建设评估指标体系，建立评估模型和完善评估方法，进行综合评估。应急能力建设评估一般包括定性评估和定量评估，在量化方面采用评分、分类、排序等多种方法，以保证结果的全面和准确。定性评估应从组织机制建设、应急物资储备、应急能力建设、应急信息系统建设、人员训练和应急演练等五大方面全面评审，把握应急能力整体水平、偏差和不足；定量评估应确定各项指标的参考值，并评价指标实际达标情况，以便于及时根据实际情况进行调整和改善。通过评估，明确供电企业应急能力存在的问题和不足，不断改进和完善应急体系，提高企业应急能力。

### 10.1.2 评估的意义

我国电力系统呈现大规模特高压交直流混联、新能源大量集中接入等特点，运行控制难度加大。我国的自然灾害频发、多发，外力破坏时有发生，大面积停电风险依然存在。电力工业不断发展，电力体制改革继续深化，电力生产安全压力增加，应急管理责任体系仍需完善，应急管理方法和技术手段有待创新，应急救援处置能力亟待提高，应急产业的支撑保障作用亟须加强。全面加强电力应急能力建设，进一步提高电力应急管理水平势在必行。

应急能力建设评估是建立和改进应急管理框架，以及完善全面应急管理体系的重要内容。应急能力建设评估作为应急管理的重要内容，可以识别应急管理工作中的成功之处和需要改进之处。通过对电力应急管理中的应急预案、应急体制、应急机制、应急制度、应急资源以及灾后处置、恢复等的分析和评估，能够系统地反映电力应急管理过程中存在的优势和不足，为电力应急体系建设指明方向。

### 10.1.3　我国应急能力评价指标的构建

国内对应急能力评价指标的理论研究不少，但真正使用的不多。其中，城市电力应急能力评估的建设发展较为完善，评估程序较为科学合理，可供供电企业应急能力建设评估做参考。

由于城市电力应急管理是一个错综复杂的系统工程，影响城市电力应急能力的因素多种多样，其评价需要正确方法论的指导。对电力应急能力的评价，应综合采用定性与定量相结合的系统评价方法、多维度指标组合评价法以及运用统计学方法中因子分析和主成分分析构建和验证评价模型等，如层次分析法、德尔菲法、统计分析法、多级模糊综合评判法、平衡记分卡、数据网络分析法等方法。

其中层次分析法可相对科学、客观地将一个多指标问题综合成单指标的形式，以便在一维空间中实现综合评价，可有效处理评价指标难以定量描述的综合评价问题。它将决策的思维过程数学化、主观判断的定性分析定量化、将各种方案之间的差异数值化，从而为选择最优方案提供易于接受的决策依据。

采用层次分析法提取城市电力应急能力评价指标的步骤是：第一，根据收集到的关于电力应急能力的数据，建立一个多层次的结构模型；第二，将各要素划分为不同层次结构，以框架结构说明要素间关系；第三，根据掌握的电力应急能力信息，构建判断矩阵，判断某一要素对于其高一层次要素的相对重要性，给要素赋予权重；第四，对层次分析结果进行检验，如有误差，则对判断矩阵的元素取值进行调整，重新运算。

按以上设计思路，该评价指标体系共包含 4 个一级指标（城市电力系统监测预警能力、城市电力系统应急预防能力、城市电力系统应急处理能力、城市电力系统应急恢复能力）、11 个二级指标（内部危机监测预警能力、外部危机监测预警能力、预警能力及信息发布、电网系统应急准备能力、供电企业应急准备能力、电力用户应急预防能力、信息响应、供电企业响应能力、电网系统响应能力、供电企业恢复能力、电网系统恢复能力）、20 个三级指标及 40 个四级指标，构建成电力系统突发公共事件应急能力评价指标体系。

参考城市电力应急能力设计思路，供电企业电力应急能力评价指标体系构建思路可分为以下4点。

（1）应急能力评价指标体系要与应急管理的四阶段理论或周期相适应，以理论指导实践。

（2）应急能力评价指标体系要与企业自身的应急体系建设相适应。应急能力评估的目的是反映企业应急体系建设的成效，并且进一步指导和完善应急体系建设，因此应避免与实际应急工作割裂开来。

（3）应急能力评价指标要与后续的指标权重确定、指标评估方法等相适应，统筹考虑。可采用的指标权重确定及评估方法有层次分析法、现代综合评价法、灰色关联度法、可拓评价法、主要成分分析法等。

（4）应急能力评价指标要"静动结合"，即静态指标和动态指标相结合。事实上，能最终反映应急能力的是应急处置，应急体系建设的目标也是通过高效的应急处置来反映的，因此要加强对应急处置环节动态指标的设计。

① 静态指标。静态指标是指逻辑结构和逻辑顺序，以及应急资源的配置，包括预防与过程两个环节。

a.预防阶段：制定应急实施方案。该阶段包括法律法规收集、危险识别、风险评估、假设灾害、危险减缓、应急保障、信息报告、中心设施、预警能力等。

b.过程控制：开展应急预案的培训与演练。该阶段包括培训、演练、教育等。

② 动态指标。动态指标是指应急预案的演练，包括效能与恢复两个环节。

a.效能评价：对应急预案的效果与存在的问题进行评估。该环节包括明确执行机构和职责、检测预警、信息搜集分析、通报和宣传、治安的保障等。

b.恢复措施：提出下一轮循环持续改进的措施。该环节包括恢复与重建、监督管理体制、奖惩机制、有关术语的定义、预案与备案、设备维护与更新、定期评审、实现可持续改进、规则的制定与解释、反馈机制和善后协调机制、危机沟通等。

## 10.1.4　供电企业应急能力建设评估工作原则

（1）客观性、科学性。在评估组织、评估流程、评估指标的判定以及评估报告的撰写等各个环节，都要从思想和形式上做到实事求是，确保评估结果可信、可用、有价值。

（2）行业指导。国家能源局制定应急能力建设评估标准规范，明确工作目标和要求，指导督促企业评估应急能力建设，协调解决突出问题。国家能源局派出机构负责监督指导辖区内企业应急能力建设评估，将企业评估情况纳入年度安全生产监管内容。

（3）企业自主。企业按照有关规范要求，自主开展应急能力建设评估。根据实际细化建设目标，制定评估计划；自主划分评估等级，完善评估制度，明确奖惩措施；

自主组建评估专家队伍或委托咨询机构，开展专业培训，扎实推进本企业应急能力建设评估工作。

（4）分类量化。企业依照有关规范要求，按照电网、发电等不同专业和下属企业类别，针对性地开展应急能力建设评估，以打分形式量化。

（5）持续改进。企业要边评边改，以评促改，强化闭环管理，补齐短板，滚动推进应急能力建设评估工作，及时总结经验，完善制度措施，持续改进和全面提高企业应急管理能力。

## 10.1.5　供电企业应急能力建设评估工作要求

（1）国家能源局负责组织制定应急能力建设评估标准规范，对应急能力建设评估工作进行监督和指导。国家能源局派出机构、地方电力管理部门负责对辖区内应急能力建设评估工作进行监督和指导。供电企业应当制定并不断完善应急能力建设评估规章制度，明确管理部门、职责和目标考核要求，保障工作有效落实。国家能源局及其派出机构、地方电力管理部门对评估报告弄虚作假、评估工作不按规定开展的供电企业，应当采取约谈、通报等方式督促整改；情节严重的，应当按照相关规定给予处理。

（2）供电企业应急能力建设评估适合省级及以上区域发电集团公司、300 兆瓦及以上火力发电企业、50 兆瓦及以上水力发电企业，各省（自治区、直辖市）电力（电网）公司、各市（地、州、盟）供电公司以及电力建设企业，其他类型供电企业可参照开展，评估内容参照最新的《电网企业应急能力建设评估规范》《发电企业应急能力建设评估规范》《电力建设企业应急能力建设评估规范》。

（3）供电企业应当滚动开展应急能力建设评估工作，原则上评估周期不超过 5 年。供电企业应急预案修订涉及应急组织体系与职责、应急处置程序、主要处置措施、事件分级标准等重要内容的，或重要应急资源发生重大变化时应当及时开展评估。

（4）建立应急能力建设评估长效机制。企业要建立并不断完善相关制度，加强组织保障，明确目标考核要求，持续推进应急能力建设。要加大评估发现问题的整改力度，将应急能力建设评估与企业事故隐患排查治理有机结合，不断优化应急准备。坚持分类指导，对评估得分较低的企业，要重点抓改进、促提升；评估得分较高的企业，要重点抓建设、促巩固，确保企业应急能力全面提升。各派出机构要根据企业应急能力建设评估情况，适时选择典型企业和工程建设项目，搭建经验交流平台，促进企业进一步提升评估水平。

（5）强化应急能力建设评估的宣传和培训。各单位要做好电力应急能力建设评估的宣传教育，营造浓厚氛围，培育典型、示范引导，不断提高应急能力建设评估的积极性、主动性和创造性。要积极组织专业培训，制定培训计划和培训大纲，依托现有资源，以评估专家、应急管理人员为重点，运用多种方法开展应急培训，不断提高人员的专业素质和管理水平。

### 10.1.6　评估方法

供电企业应急能力建设评估内容参考最新的《电网企业应急能力建设评估规范》，应以静态评估和动态评估相结合的方法进行。静态评估应当对供电企业应急管理相关制度文件、物资与装备等体系建设方面相关资料进行评估，主要方式包括检查资料、现场勘查等。动态评估应当重点考察供电企业应急管理第一责任人及相关人员对本岗位职责、应急基本常识、国家相关法律法规等的掌握程度，主要方式包括访谈、考问、考试、应急演练等。

**1. 静态评估**

静态评估的方法包括汇报座谈、检查资料、现场勘查等。对供电企业应急管理相关制度文件、物资与装备、指挥中心、信息系统等方面静态佐证资料进行评估，检查的资料包括应急规章制度、应急预案，以往突发事件应急处置、历史演练等相关文字、音像资料和数据信息；现场勘查对象包括应急装备、应急物资、应急指挥中心、信息系统等。

**2. 动态评估**

动态评估是通过访谈、考问、考试、应急演练等方式，对供电企业应急领导小组、相关职能部门负责人及管理人员、基层人员的应急知识掌握情况和实际应急处置能力进行评估。

（1）访谈。主要面向应急领导小组（或应急指挥中心）成员。了解其对本岗位的应急职责、总体预案和大面积停电事件等专项应急预案的内容、预警及响应的流程等的熟悉程度。

（2）考问。选取一定比例的部门负责人、管理人员、一线员工进行提问、询问。主要评估其对本岗位应急工作职责、相关预案内容以及相关法律法规等的掌握程度。应急能力评估现场考问表模板如表10-1所示。

（3）考试。建立应急考试题库，选取一定比例的管理人员、一线员工进行考试。主要评估其对应急管理应知应会内容的掌握程度。

（4）应急演练。采取桌面演练和现场演练等方式，针对应急领导小组（或应急指挥中心）成员、部门负责人、一线员工，按照相应职责评估参演人员对应急处置流程、应急响应措施的掌握程度。应急演练应重点关注以下几个方面。

① 先期处置。先期处置阶段的应对措施是否得当；对可能引发的次生灾害是否进行了判断。

② 应急响应。是否按照预案要求启动应急响应；启动的应急响应级别是否适当；启动应急响应后是否按照规定报告上级或地方政府。

表 10-1　应急能力评估现场考问表模板

**\*\*\* 公司应急能力评估现场考问表模板**

访谈对象：□部门负责人　□管理人员　□一线员工　　签名：

访谈人：　　　　　　　　　　　　　　　　　　时间：　年　月　日

| 现场考问内容： |
| --- |
| （1）请问您在贵单位应急组织中承担的职责有哪些？ |
| （2）请问您贵单位 |
| □专项应急预案的要素主要有哪些？ |
| □应急预警信息由哪个部门归口管理？ |
| □应急预警信息由哪个部门发布？ |
| □突发事件综合应急预案主要内容有哪些？ |
| □应急预警程序是如何规定的？ |
| □应急响应程序是如何规定的？ |
| （3）请问您贵单位 |
| □编制应急预案前必做的准备工作有哪些？ |
| □应急处置卡的主要内容有哪些？ |
| □应急培训记录档案主要包括哪些内容？ |
| □应急预案演练周期是如何规定的？ |

| 访谈评分标准： | 评分标准： | 评分得分： |
| --- | --- | --- |
| （1）10 分； | 熟悉：8～10 分； | （1） |
| （2）10 分； | 较熟：4～7 分； | （2） |
| （3）10 分。 | 不熟：0～3 分。 | （3） |

185

③ 应急通信。是否保证应急通信畅通。

④ 警戒与疏散。是否对现场警戒与人员疏散工作进行了安排。

⑤ 现场处置与救援。是否按照相关应急预案和现场指挥部要求对事件现场进行了控制和处理。

⑥ 舆情监测与引导。是否按照预案要求开展舆情监测、引导工作。

⑦ 后期处置。应急处置结束后，是否及时开展事件损失评估、现场调查取证、现场清理和相关善后工作。

## 10.2　应急能力建设评估程序

### 10.2.1　评估启动

（1）制定评估工作方案。供电企业应当在评估前制定评估工作方案。评估工作方案的内容应当包括（不限于）评估内容、评估组专家信息、评估期间日程安排、供电企业参与评估及配合人员安排等。

（2）形成内、外部专家组工作机制。供电企业可自行或委托第三方机构组建评估工作组，工作组由不少于5名评估人员（含1名组长）组成。评估工作组中应当至少包含1名电力安全应急专家库中的专家，且选用专家须为非被评估单位人员。由应急办牵头负责体系建设工作，组建内、外部专家组，并指定应急能力建设评估相关部门联络人。

（3）召开项目启动会，进行应急能力建设相关培训。受评估单位召开应急能力建设项目启动会，并安排各级管理人员和全体干部员工参加培训，确保相关人员熟悉评估的目的、程序、必要性和具体评估方法。外部专家组进行应急能力建设培训，协助企业启动应急能力建设工作。

## 10.2.2  全面调研及资料收集

受评估单位内部专家组根据清单及各自部门涉及《电网企业应急能力建设评估规范》的相关静态评估资料进行收集和整理。

## 10.2.3  自评整改

（1）受评估单位各职能部门根据工作职责，查找公司在应急能力建设和应急管理工作中存在的问题或漏洞。各部门按照工作分解，开展自查自评工作，并将自查发现的问题发至评估项目对应的责任部门。

（2）各部门根据自查发现的问题的整改计划表认真落实整改措施。在整改过程中，按照轻重缓急，优先考虑重大、急切问题的整改。对于确实无法立即整改的，相关部门要制定相应的改进措施并组织落实，公司应急办定期通报重大整改事项的完成情况。

## 10.2.4  复查自评

受评估单位应急办组织相关人员，依靠评估规范所列的专业内容，逐项进行复查评分，重点对自查发现的问题的整改情况进行核实，填写检查记录，统计评估结果，形成自评报告。公司应急办根据自查结果和整改情况，向有关部门提出应急能力评估申请。

## 10.2.5  专家评审

（1）外部专家组调研受评估单位应急能力现状，与各部门进行深入交流，并就收集到的相关静态资料按照《电网企业应急能力建设评估手册》进行梳理。受评估单位配合外部专家组现场调研工作。

（2）按照《电网企业应急能力建设评估手册》进行静态评估＋动态评估。

①外部专家组对受评估单位整改后情况，进行现场资料的查阅，以及访谈、考问、

考试、应急演练等视频、音频资料的采集。

②组织专家委员会对现场评估的内容进行会审，确定评估结论和得分情况。

（3）评估工作应当严格依据评分标准对各项指标进行评分，逐级汇总并转化为得分率。评估工作组应当对评估结果的真实性负责。评估结果应当根据评估得分率确定，分为合格、不合格。评估得分率在 80% 以上的为合格，得分率在 80% 以下的为不合格。

## 10.2.6　报告编制、提交

评估工作结束后，供电企业应及时组织编制应急能力建设评估报告。评估结果为合格的，供电企业应当在 30 日内将评估报告直接报送国家能源局派出机构和地方电力管理部门；评估结果为不合格的，供电企业应当根据专家组意见进行整改并重新组织评估，合格后再将评估报告和整改计划一并报送国家能源局派出机构和地方电力管理部门。

应急能力建设评估报告模板如表 10-2 所示。

表 10-2　应急能力建设评估报告模板

| **XXXX 应急能力建设评估报告模板** |
|---|
| **评估工作总体情况** |
| 1.1 评估的目的和范围 |
| 1.2 评估方法和安排 |
| 1.3 评估组人员组成 |
| 1.4 评估过程描述 |
| **评估分析** |
| 　根据应急能力评估标准，对法律法规、应急规划、预案体系、保障能力、监测与预警、处置及救援、恢复重建等各要素评价得分率和得分情况比较分析。 |
| **可推广的经验做法** |
| 　描述在评估过程中发现的应急准备工作中值得推广的优秀经验。 |
| **发现不足与问题** |
| |
| **改进建议** |
| 　对发现问题的改进建议。 |
| **未来展望** |
| 　对公司应急体系的优化建议。 |

## 10.2.7　持续改进提升

应急能力建设评估完成后，对专家评估发现的有关问题，按照评估专家提出的改进建议或意见，供电企业应当总结评估工作经验，依据评估规范制定并实施相关改进措施，强化闭环管理，完善制度体系，将应急能力建设评估与安全生产标准化、风险分级管控和隐患排查治理等有机结合，不断强化电力安全生产与应急管理工作，提升供电企业应急管理水平。

## 10.3 应急能力建设评估标准

供电企业应急能力建设评估应当以应急预案和应急体制、机制、法制为核心，围绕预防与应急准备、监测与预警、应急处置与救援、事后恢复与重建四个方面开展。预防与应急准备方面包括法规制度、应急规划与实施、应急组织体系、应急预案体系、应急培训与演练、应急队伍、应急指挥中心、应急保障能力等。监测与预警方面包括监测预警能力、事件监测、预警管理等。应急处置与救援方面包括先期处置、应急指挥、应急救援、信息报送、舆情引导、调整与结束等。事后恢复与重建方面包括后期处置、应急处置评估、恢复重建等。

应急能力建设评估标准如表 10-3 所示。

表 10-3　应急能力建设评估标准

| 编号 | 建设项目 | 标准内容 | 评估方法 |
|---|---|---|---|
| 1 | 预防与应急准备 | | |
| 1.1 | 法规制度 | | |
| 1.1.1 | 法律规章 | | |
| 1.1.1.1 | 法律法规收集 | 企业应急管理制度中应包含识别和获取国家关于应急管理的法律法规、行业（地方）及上级主管部门有关应急管理的标准规范及有关要求等法律规章的有关规定。<br>明确识别和获取的责任部门、获取渠道和方式等；建立并发布适用的应急管理法律法规、有关要求的清单和文本数据库，并及时更新清单和文本数据库；及时识别和获取适用的应急管理法律法规和有关要求；发现失效的应急管理法律法规、标准规范及有关要求等 | 查阅法律法规 |
| 1.1.1.2 | 法律法规培训宣贯 | 企业在识别和获取适用的应急管理法律法规和有关要求后，应及时对从业人员进行应急管理法律法规、标准规范及有关要求的宣传、培训和告知，并传达给相关方 | 查阅相关文件、培训和告知记录 |
| 1.1.1.3 | 法律法规落实 | 企业应根据应急管理法律法规、标准规范及有关要求，制定、部署、落实有关具体措施，开展自查自改，完善本单位应急工作 | 查阅相关文件、记录 |
| 1.1.2 | 规章制度 | | |
| 1.1.2.1 | 应急规章制度制定 | 企业应收集上级单位应急管理制度、规定等，并承接制定本单位应急管理制度、规定。应急管理制度应明确企业主要负责人是应急管理工作第一责任人，对应急能力建设和应急管理全面负责。企业主要负责人应组织审定并签发应急管理制度，并以正式文件发布实施 | 查阅企业相关资料 |
| 1.1.2.2 | 规章制度落实 | 企业应将应急管理制度及时传达到有关单位、部门、工作岗位和从业人员；<br>各级、各类岗位人员应认真执行应急管理制度，履行岗位应急管理职责 | 查阅企业相关资料 |

| 编号 | 建设项目 | 标准内容 | 评估方法 |
|---|---|---|---|
| 1.1.2.3 | 规章制度评估与修订 | 企业每年应对应急管理制度的适用性和执行情况进行检查、评估，并形成记录；对检查评估中发现的问题应立即整改，并形成记录 | 查阅相关检查、评估报告及整改、修订记录 |
| 1.2 | 应急规划与实施 | | |
| 1.2.1 | 应急规划 | | |
| 1.2.1.1 | 应急管理发展规划 | 应将应急管理发展规划纳入企业安全发展规划，应急规划内容应包括目标、工作体系、机构队伍、预案体系、保障能力、宣教和培训、科技进步及应急平台等 | 查阅企业安全发展规划 |
| 1.2.1.2 | 规划实施 | （1）应与企业安全发展规划同步实施、同步推进；<br>（2）应根据应急管理发展规划编制年度工作计划或实施方案，建立相关的实施记录 | 查阅年度工作计划及实施方案、实施记录、总结及相关资料 |
| 1.2.1.3 | 自检自评 | （1）应定期开展应急能力自检工作。应急能力自检应有明确的目的、计划、内容和要求，对检查出的问题应分析原因，制定整改计划和措施；<br>（2）每年应对应急管理工作进行总结评价，形成自评报告，发生生产安全事故后应重新进行自评；<br>（3）自评报告应包括应急体系建设、规章制度建设、救援队伍建设、预案编制和演练、教育培训、资源投入、突发事件应对评估、存在的问题以及改进措施等内容；<br>（4）对检查和自评的整改情况进行复查验证，形成闭环管理 | 查阅自检记录、自评报告、整改验证记录 |
| 1.3 | 应急组织体系 | | |
| 1.3.1 | 领导机构 | 企业应设置应急管理领导机构，领导机构的主要负责人应由企业（项目）主要负责人担任，并明确分管领导机构日常工作的负责人。应急领导机构成员名单及常用通信联系方式应报上级单位备案。<br>应急领导机构应根据应急管理制度的有关规定开展工作。企业（项目）主要负责人应定期组织召开应急管理工作会议或定期听取应急管理工作情况汇报，了解应急能力建设情况，解决应急能力建设和管理中存在的问题 | 查阅相关文件、制度，检查落实情况 |
| 1.3.2 | 管理机构 | 应急领导机构应下设应急办，明确相关职责，配备专职或兼职人员，对应急工作进行归口管理。应急管理机构应符合下列要求：<br>（1）应明确应急管理机构的三大主要职责（应急值守、信息汇总、综合协调）；<br>（2应配备满足应急管理需求的专职或兼职应急管理人员，并明确其岗位职责 | 查阅相关文件、制度，检查落实情况 |
| 1.3.3 | 保证体系 | 企业需层层建立安全生产应急管理责任体系。应急办负责开展应急管理和预案制定工作的监督检查。调度、运检、安监、营销、信通、外联、信访、保卫等部门应实时监控电网安全、信访稳定和治安保卫工作，及时处置突发事件；基建、农电、物资、财务、后勤等部门应落实应急队伍和物资储备，做好应急抢险救灾、抢修恢复等应急处置及保障工作 | 查阅相关文件、制度，检查落实情况。现场查评 |

| 编号 | 建设项目 | 标准内容 | 评估方法 |
|---|---|---|---|
| 1.4 | 应急预案体系 | | |
| 1.4.1 | 风险分析 | | |
| 1.4.1.1 | 风险分析 | 企业应制定危险源辨识和风险评价管理制度,明确危险源辨识、评价和控制的职责、方法、范围、流程等要求。并根据企业业务特点开展自然灾害、事故灾难、公共卫生事件和社会安全事件风险分析 | 查阅预案、现场处置方案等相关资料 |
| 1.4.2 | 预案管理 | | |
| 1.4.2.1 | 预案管理要求 | 企业应根据风险分析结果建立包含综合预案、专项预案、现场处置方案的完整的预案体系。预案的编制、评审、发布、备案、修订等管理工作符合规章制度要求 | 查阅企业的综合(总体)应急预案、各类突发事件、专项应急预案、现场处置方案 |
| 1.5 | 应急培训与演练 | | |
| 1.5.1 | 应急培训 | | |
| 1.5.1.1 | 培训管理 | 根据应急预案需求,制订年度应急教育培训计划,并将其纳入企业年度安全生产培训工作计划,制定培训大纲和具体课件,培训结束后要有培训总结。<br>应急培训包括应急管理人员培训、应急队伍培训等。除开展应急专业培训外,企业应利用多种渠道或方式开展电力安全应急知识的科普宣传和教育,提高公众掌握应对突发停电事件的能力等 | 查阅企业年度培训计划、演练方案、班组安全活动记录,现场核查;查阅培训资料;查阅宣传手册、展板、图片及相关影像等资料 |
| 1.5.2 | 应急演练 | | |
| 1.5.2.1 | 演练计划 | 企业每年应制订演练计划,明确演练目的、类型、规模、范围、频次、主要内容、参演人数、计划完成时间、物资准备、演练经费预算等内容 | 查阅企业制订的年度演练计划 |
| 1.5.2.2 | 演练实施 | 企业(项目)应根据本单位的风险防控重点,每年按照预案演练要求频次采取实战演练、桌面演练等方式开展综合应急预案演练、专项应急预案演练以及现场处置方案演练。<br>应急演练要制定演练方案,演练方案应明确目的及要求、事故情景设计、规模及时间、主要任务及职责、筹备工作、主要步骤、技术支撑及保障条件、评估与总结等内容,演练方案应审批 | 查阅企业演习记录 |
| 1.5.2.3 | 演练评估和改进措施 | 演练过程或关键环节应有影像或图片资料。演练结束后,应对应急演练效果进行评估和总结,分析应急演练和应急预案存在的不足,并形成书面报告。根据评估报告中提出的问题和不足,总结分析原因,制定整改计划和措施,明确整改目标,并落实 | 查阅应急工作总结等相关资料 |
| 1.6 | 应急队伍 | | |

供电企业应急管理基础

| 编号 | 建设项目 | 标准内容 | 评估方法 |
|---|---|---|---|
| 1.6.1 | 应急队伍管理 | 企业应根据应急处置需求建立各专业应急专家队伍、应急抢险救援队伍等，并建立应急队伍数据库。完善专家参与预警、指挥、抢险救援和恢复重建等应急决策咨询工作机制，开展专家会商、研判、培训和演练等活动。定期组织应急抢修救援队伍技能培训、装备保养、预案演练等活动。加强应急队伍的日常管理 | 查阅相关文件、制度，检查落实情况 |
| 1.7 | 应急指挥中心 | | |
| 1.7.1 | 应急指挥中心设施 | 企业应建立完善应急指挥中心功能，配套应急指挥中心硬件设施、应急管理软件系统以及应急指挥中心自身保障设施等 | 现场检查 |
| 1.8 | 应急保障能力 | | |
| 1.8.1 | 资金保障 | 企业应将应急培训、演练、应急救援器材、设备支出及运行维护等所需资金，纳入年度安全生产投入资金计划，每年组织对费用投入（应急方面）情况进行监督检查和考核，保证应急所需资金投入 | 查阅相关部门资料 |
| 1.8.2 | 物资保障 | 企业应建立应急物资仓库或在物资仓库中储备应急物资，可采取实物储备、协议储备、动态周转等方式储备应急物资。<br>企业应开展应急物资日常维护管理，定期调整、轮换与更新储备等工作，保证应急情况下能快速投入使用。<br>企业应建立重要电力应急物资监测网络、预警体系和应急物资生产、储备及紧急配送体系。应急物资应统一合理调配，满足跨地域电力突发事件的应急处置需求 | 现场检查物资仓库、查阅相关资料；查阅物资调配制度、应急物资台账；检查应急物资存放现场、物资信息系统、台账资料 |
| 1.8.3 | 装备保障 | 企业应明确应急装备配备、维护、使用和报废等管理要求，应建立包含所属单位的应急装备台账，并进行动态管理。<br>应急装备配备应满足企业突发事件处置能力要求，至少包括应急预案装备清单所列的装备。<br>企业应规定设立应急仓库，妥善存放应急专用装备设施。<br>应指定专人负责应急装备的定期维护、保养和更新，保证应急装备处于正常备用状态，并做好维护、保养、更新及定期检验记录。<br>应实现应急装备综合信息动态管理和共享，保证在应急时可迅速获取装备储备的资源分布情况，保障应急装备供应 | 检查应急装备存放现场，检查台账资料；查阅应急装备维护制度，使用、保养记录 |
| 1.8.4 | 通信保障 | 企业应按照国家有关标准配备适用的卫星通信、数字集群、短波电台等无线通信设备，健全完善已有的有线通信设备和网络信息系统，增大应急通信系统的传输容量，增强极端条件下应急通信的可靠性，并根据需要配备保密通信设备；应急响应期间，应有可靠的指挥、调度、通信联络和信息交换渠道 | 检查应急联络制度，现场查看应急通信设备设施 |
| 1.8.5 | 后勤保障 | 建立后勤保障体系，保证突发事件发生后对灾区抢修队伍及员工生活、医疗、心理等方面的快速保障与救助 | 查阅文件，现场检查 |

191

| 编号 | 建设项目 | 标准内容 | 评估方法 |
|---|---|---|---|
| 1.8.6 | 协调机制 | 企业应与政府部门、城市生命线企业、重要用户等建立应急协调关系，应急期间争取各方面支援 | 查看事故应急预案及相关文件 |
| 1.8.7 | 科技支撑 | 企业应开展应急方面科研项目研究，开展事故预测、预防、预警和应急处置新技术、新产品、新工艺的研究开发，完善储备技术应用和成果推广 | 查阅事故通报、安全简报、相关资料、装备等 |
| 2 | 监测与预警 | | |
| 2.1 | 监测预警能力 | 企业应依托现有安全生产管理信息系统，实现突发事件信息的汇集、分析、传输与共享，明确信息报送渠道和程序。<br>企业应明确重点危险区域和高风险作业岗位，对重点危险区域和高风险工作岗位设置必要的监测、监控报警系统 | 现场检查；查阅有关信息管理系统、信息报送流程资料 |
| 2.2 | 事件监测 | | |
| 2.2.1 | 风险告知 | （1）必须向从业人员告知作业岗位、场所危险因素和险情处置要点；<br>（2）高风险区域和重大危险源必须设立明显标识，并确保逃生通道畅通 | 现场检查；现场考问 |
| 2.2.2 | 监测网络 | 应建立分级负责的常态监测网络；按事件分类，明确由各相关专业部门指定的负责人对各类事件进行常态监测、监控。<br>应明确各专业部门的监测职责，明确监测范围。<br>与上级主管部门、政府及其有关部门，气象、交通、防汛、地震、消防、卫生等专业机构，建立常态联络机制。<br>应建立舆情监测系统，实时监测新闻媒体及网络信息 | 现场检查；查看预案、制度文件以及信息系统 |
| 2.3 | 预警管理 | | |
| 2.3.1 | 预警分级 | 应针对不同突发事件建立预警分级机制，明确分级标准和启动程序 | 查看相关应急预案 |
| 2.3.2 | 预警发布 | 应针对可能发生的电网特殊运行方式、自然灾害、事故灾难、公共卫生事件和社会安全事件，提前进行研判，明确预警等级，确定预警措施，发布内部预警通知。有可能发生大面积停电事件时，及时报告受影响区域地方政府，并提出预警信息发布建议，视情通知重要电力用户 | 查看预警通知和处置记录 |
| 2.3.3 | 预警行动 | 包括：<br>（1）应根据事态发展情况和预警等级，安排应急值班；<br>（2）预警阶段，应及时收集事件发展信息，及时按照信息报告流程报告信息；<br>（3）涉及电网类应急预警，在预警阶段应加强电网运行情况监测、电网设备运维等工作；<br>（4）应急领导小组成员、应急队伍和相关人员应根据预警等级，按照预警通知要求进入待命状态；<br>（5）应及时向预警发布部门反馈措施执行情况，实现闭环管理 | 现场检查；查看事件处置记录 |

| 编号 | 建设项目 | 标准内容 | 评估方法 |
|---|---|---|---|
| 2.3.4 | 预警调整和结束 | 根据事态发展，应适时调整预警级别并重新发布。有事实证明突发事件不可能发生或者危险已经解除，应立即发布预警解除信息，终止已采取的有关措施 | 查看相关事件处置记录 |
| 3 | 应急处置与救援 | | |
| 3.1 | 先期处置 | （1）发生突发事件时，现场人员应能第一时间进行先期处置，采取阻断或隔离事故源、危险源的措施，控制事态发展，防止事故扩大，重点做好人员的自救和互救工作；<br>（2）严重危及人身安全时，立即停止现场人员作业，采取必要的或可能的应急措施后撤离危险区域；<br>（3）立即将险情或事故发生的时间、地点、当前状态等信息如实向上级及有关部门报告 | 查看相关事件处置记录，视情况考问现场处置相关人员 |
| 3.2 | 应急指挥 | | |
| 3.2.1 | 启动应急响应 | （1）经应急领导小组批准确定响应级别，迅速按照相关预案要求启动相应级别的应急响应并组织实施应急处置；<br>（2）将启动应急响应有关情况报告上级或地方政府有关部门 | 查看相关事件处置记录，视情况考问相关人员 |
| 3.2.2 | 应急响应行动 | （1）按有关预案要求迅速启用应急指挥中心；<br>（2）根据事态发展组织开展应急会商；<br>（3）组织开展应急值班，按要求开展信息报告；<br>（4）组织部署相关专业人员开展应急处置；根据应急指挥中心要求，做好相关处置工作 | 查看相关事件处置记录，视情况考问相关人员 |
| 3.2.3 | 资源调动 | （1）应急指挥人员应及时到岗到位；<br>（2）迅速调派应急队伍奔赴事故现场；<br>（3）应急救援物资应及时供应；<br>（4）后勤保障系统工作到位；<br>（5）必要时跨区调用应急队伍、应急物资及时支援 | 查看相关事件处置记录，视情况考问相关人员 |
| 3.3 | 应急救援 | | |
| 3.3.1 | 现场救援 | （1）应急救援队伍携带必需的应急装备、工器具迅速抵达现场，勘查现场情况，及时反馈信息；<br>（2）立即组织开展现场人员自救互救、疏散、撤离、人员安置等应急救援工作；<br>（3）配置相应的设备设施，迅速搭建现场指挥部，建立与后方指挥部的通信联系；<br>（4）保障现场应急照明、应急供电系统可靠运行 | 查看相关事件处置记录，视情况考问相关人员 |
| 3.3.2 | 现场处置 | （1）成立现场指挥部；<br>（2）及时制定现场抢修方案，抢修方案应考虑不同条件下的危险因素和困难，经专家论证后按抢修方案进行应急抢修；<br>（3）做好现场安全保卫，控制危险源，标明危险区域，封锁危险场所，并采取其他防范措施避免事故或损失扩大；<br>（4）做好现场监测，保证抢修现场人员安全；<br>（5）做好基本生产保障和事故现场环境评估工作，落实好事故防范措施，防止次生灾害和二次事故的发生 | 查看相关事件处置记录，视情况考问相关人员 |

193

| 编号 | 建设项目 | 标准内容 | 评估方法 |
|---|---|---|---|
| 3.4 | 信息报送 | | |
| 3.4.1 | 信息统计及报送 | 应建立应急信息统计报送制度，及时掌握电力设施受损程度和影响范围，按要求及时、全面、准确地统计突发事故造成的人员伤亡和损失情况，并按上级单位和政府的要求及时上报 | 查看相关文件制度和事件处置记录 |
| 3.4.2 | 信息收集与交换 | 整合各类信息，确保与上级、政府主管部门和各专业机构有效沟通、充分交换信息 | 查看相关事件处置记录 |
| 3.4.3 | 信息发布 | | |
| 3.4.3.1 | 信息发布程序 | （1）应制定信息发布的模板和新闻发布通稿；（2）应按政府要求，做好相关信息发布工作；（3）信息发布应及时，避免产生负面影响 | 查阅信息发布相关规定及已经发布的信息资料，视情况考问相关人员 |
| 3.4.3.2 | 信息发布内容 | （1）信息发布的内容应包括事件概要、影响范围、事件原因、已采取的措施、预计恢复时间等；（2）信息发布应结合应急响应阶段性特点，做好动态管理，及时更新 | 查阅信息发布相关规定及已经发布的信息资料，视情况考问相关人员 |
| 3.5 | 舆情引导 | （1）建立突发事件舆情监测预警、管理控制相关的数据库、信息获取与分析系统；（2）落实舆情信息监测人员职责；（3）发生突发事件，通过微博、微信等渠道第一时间向社会发布信息 | 查阅相关规定资料，视情况考问相关人员 |
| 3.6 | 调整与结束 | 是否按要求调整或终止应急响应，发布调整或解除应急响应通知是否按预案要求执行 | 查看相关事件处置记录，视情况考问相关人员 |
| 4 | 事后恢复与重建 | | |
| 4.1 | 后期处置 | | |
| 4.1.1 | 灾后人员心理疏导 | 对受影响且需要心理救助的人员进行心理疏导和救助 | 查阅相关报告及记录等 |
| 4.1.2 | 事件经济损失分析 | 组织相关专业部门开展突发事件的损失统计和综合分析，及时开展保险理赔和费用结算 | 查阅相关报告及记录等 |
| 4.1.3 | 事件调查分析 | 调查并分析突发事件的起因、性质、影响，总结经验教训 | 查阅相关报告及记录等 |
| 4.1.4 | 资料归档 | 及时清理事发现场，收集整理灾害影响影像资料和相关基础资料，并进行归档 | 查阅相关报告及记录等 |
| 4.2 | 应急处置评估 | | |

供电企业应急管理基础

| 编号 | 建设项目 | 标准内容 | 评估方法 |
|------|----------|----------|----------|
| 4.2.1 | 评估调查与考核机制 | （1）建立健全事件处置评估调查与考核机制；<br>（2）事发单位对每次突发事件的处置过程进行评估调查；<br>（3）事发单位对上级单位应急处置评估调查报告的有关建议和要求，应予以落实，制订整改计划，限期整改，闭环管理，并按要求向上级单位进行反馈；<br>（4）应按规定组织或配合上级部门开展事故调查，并做好归档和备案工作，有针对性地制定事故防范措施，对整改措施进行落实；<br>（5）将应急考核工作纳入企业业绩考核；建立应急工作奖惩机制，对应急日常管理、应急体系建设、应急处置与救援全过程进行考核 | 查阅相关考核记录等 |
| 4.2.2 | 事件评估调查 | | |
| 4.2.2.1 | 预警启动评估调查 | （1）预警解除后，在规定时间内进行自行评估调查；<br>（2）分析各预警环节的优劣，指出存在的问题，提出整改建议；<br>（3）针对提出的问题，制定整改措施，对需长时间才能完成的要列入工作计划 | 查阅上一年度及本年度突发事件的预警响应记录、预警评估报告及相关资料 |
| 4.2.2.2 | 应急响应评估调查 | （1）应急响应解除后，在规定时间内进行自行评估调查；<br>（2）完成评估调查报告；<br>（3）对应急处置过程中发现的薄弱环节进行评估；对应急响应各阶段应急处置的正确性、预案的科学性及相关防范措施落实情况进行评估 | 现场勘查、查阅相关文字、音像资料和数据信息、询问有关人员等 |
| 4.2.2.3 | 应急预案执行 | （1）启动应急响应是否按预案要求执行；<br>（2）响应行动措施是否按预案执行；<br>（3）收集及报送内容、程序等是否符合预案要求 | 查看相关事件处置记录，视情况考问相关人员 |
| 4.2.2.4 | 落实整改 | 根据总结评估提出的整改措施进行落实，短期内不能完成的整改内容应列入整改计划 | 查阅整改计划与落实情况 |
| 4.3 | 恢复重建 | | |
| 4.3.1 | 重建被毁设施设备 | 制订临时过渡措施和整改措施计划，针对存在的设备、设施隐患，落实资金及工作时间进度，保证系统安全 | 查阅相关报告及记录等 |
| 4.3.2 | 重新规划和建设 | 结合事故调查分析结果，查找存在的问题，重新修改工作规划，提出电网规划建议，制定改造或改进方案 | 查阅相关报告及记录等 |

# 参考文献

[1] 杨月巧. 新应急管理概论 [M]. 北京：北京大学出版社，2020.

[2] 李雪峰，佟瑞鹏. 应急管理概论 [M]. 北京：应急管理出版社，2021.

[3] 汪永清. 中华人民共和国突发事件应对法解读 [M]. 北京：中国法制出版社，2007.

[4] 张贺. 有关电力安全生产与应急管理的分析与思考 [J]. 消费导刊，2018，000(026): 245.

[5] 杨乾. 电力安全生产与应急管理分析 [J]. 中国化工贸易，2018，010(008): 58.

[6] 丁振东. 做好应急管理保障电网安全 [J]. 科技创业家，2015(15): 102-103.

[7] 邓言. 关于电网企业应急管理的几点思考 [J]. 安徽电气工程职业技术学院学报，2015(4): 88-89.

[8] 广东电网有限责任公司应急及检修管理中心. 广东电网应急管理实务 [M]. 北京：中国电力出版社，2019.

[9] 夏登友，朱毅，臧娜，等. 突发事件应急指挥理论与方法 [M]. 北京：化学工业出版社，2023.

[10] 陈庆前. 电力系统安全风险评估与应急体系研究 [D]. 武汉：华中科技大学，2012.

[11] 郑琛，佘廉. 我国突发事件现场应急指挥组织体系构建探析 [J]. 华南理工大学学报（社会科学版），2016(1): 40-45.

[12] 林伟芳，易俊，郭强，等. 阿根廷"6·16"大停电事故分析及对中国电网的启示 [J]. 中国电机工程学报，2020，40(9): 2835-2842.

[13] 孙华东，许涛，郭强，等. 2019英国"8·9"大停电事故分析及对中国电网的启示 [J]. 中国电机工程学报，2019，39(21): 6183-6191.

[14] 印永华，郭剑波，赵建军，等. 美加"8·14"大停电事故初步分析以及应吸取的教训 [J]. 电网技术，2003，27(10): 8-11.

[15] 唐斯庆，张弥，李建设，等. 海南电网"9·26"大面积停电事故的分析与总结 [J]. 电力系统自动化，2006，30(1): 1-7.

[16] 林伟芳，汤涌，孙华东，等. 巴西"2·4"大停电事故及对电网安全稳定运行的启示 [J]. 电力系统自动化，2011，35(9): 1-5.

[17] 曾鸣，李红林，薛松，等. 系统安全背景下未来智能电网建设关键技术发展

方向——印度大停电事故深层次原因分析及对中国电力工业的启示 [J]. 中国电机工程学报，2012，32(25): 175-181.

[18] 于光，黄灵，胡金妹，等．泰州市疾病预防控制机构突发急性中毒事件卫生应急资源调查 [J]. 职业卫生与应急救援，2017，35(6): 542-544.

[19] 李荣宗．广东卫生机构突发化学中毒应急资源调查分析 [D]. 太原：山西医科大学，2010.

[20] 刘一波．政府应急资源规划初探 [J]. 大众科技，2006，8：173-174.

[21] 曲亚萍．突发事件下应急资源管理的鲁棒决策研究 [D]. 重庆：重庆大学，2014.

[22] 宋英华．突发事件应急管理导论 [M]. 北京：中国经济出版社，2009.

[23] 国网冀北电力有限公司．电网企业应急管理知识导学 [M]. 北京：中国电力出版社，2016.

[24] 计雷，池宏，陈安，等．突发事件应急管理 [M]. 北京：高等教育出版社，2006.

[25] 李涛．工作场所化学品安全使用 [M]. 北京：化学工业出版社 .2022.

[26] 聂江龙，马之力．电力应急救援作业培训教材 [M]. 北京：电子工业出版社，2022.

[27] 郭岩，余锋，左昌斌．实用体能训练指南 [M]. 北京：中国书籍出版社，2018.

[28] 赵小明．心理安全员：危机中的心理干预和防护实操手册 [M]. 北京：中国人民大学出版社 .2020.

[29] 秦琦．供电企业应急技能及基本装备应用 [M]. 北京：中国电力出版社，2014.

[30] 田玉敏．人群应急疏散 [M]. 北京：化学工业出版社，2014.

[31] 陈才顺，李顺祥．大众自救与互救 [M]. 昆明：云南科技出版社 .2021.

[32] 李越冰．图说电力安全工器具使用与管理 [M]. 北京：中国电力出版社 .2016.

[33] 王煜钧．自动开伞器高控机构可靠性环境试验及其测试装置研究 [D]. 哈尔滨：哈尔滨理工大学，2014.

[34] 杨方明，王春阳．起重工 [M]. 武汉：湖北科学技术出版社 .2009.

[35] 朱鹏．事故管理与应急处置 [M]. 北京：化学工业出版社 .2018.

[36] 赖慧．港口特种车辆驾驶与维护 [M]. 宁波：宁波出版社 .2017.

[37] 于新玉，王芳艳．汶川大地震山地空中医疗救援实施情况分析 [J]. 中国急救复苏与灾害医学杂志，2008，3(9): 521-523.

[38] 公安部消防局．水域救援技术应知应会手册 [M]. 重庆：重庆大学出版社 .2017.

[39] 刘军，贾梅．中国营地教育完全手册 [M]. 北京：中国民主法制出版社 .2018.

[40] 中华人民共和国应急管理部．消防应急照明和疏散指示系统技术标准 [M]. 北京：中国计划出版社 .2019.

197

[41] 娄旸 . 卫星通信装备 [M]. 南京：南京大学出版社 .2018.

[42] 张治取 . 配电线路应急救援 [M]. 北京：中国水利水电出版社 .2019.

[43] 钟开斌 . 应急管理十二讲 [M]. 北京：人民出版社，2004.

[44] 马宝成 . 应急管理体系和能力现代化 [M]. 北京：国家行政学院出版社，2022.

[45] 国网湖北省电力有限公司应急培训基地 . 电网企业应急管理知识手册 [M]. 北京：中国电力出版社，2019.